Blütenpflanzen und Kleinlebensräume

Materialienheft für die Klassenstufe 5/6

W0405399

Herausgegeben von:
Monika Böger

Bearbeitet von:
Monika Böger
Annegret Dorn
Claus Georg Krieger
Birgit Niemann
Eckhard Pohl
Michael Walory

Unter Mitwirkung der Verlagsredaktion

Illustrationen
Tom Menzel
Susanne Thater

ISBN 978-3-507-**76841**-3
alt: 3-507-**76841**-0

Druck A ^{4} / Jahr 2006

Alle Drucke der Serie A sind im Unterricht parallel verwendbar, da bis auf die Behebung von Druckfehlern unverändert. Die letzte Zahl bezeichnet das Jahr dieses Druckes.

Satz: O&S Satz GmbH, Hildesheim
Druck und Verarbeitung: Oeding Druck GmbH, Braunschweig

Hinweis: Einige Seiten in diesem Band sind nicht bedruckt. Es handelt sich um Rückseiten von Ausschneide-Material.

Aufbau von Blütenpflanzen

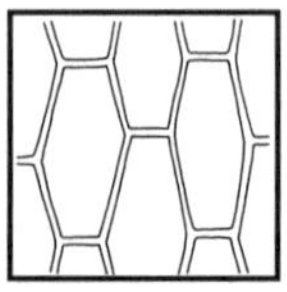

Zellen und Fotosynthese

Fortpflanzung und Entwicklung von Blütenpflanzen

Inhaltsverzeichnis

Überwinterung bei Pflanzen

Pflanzenfamilien

Lebensräume in unserer Umgebung

Aufbau einer Blütenpflanze

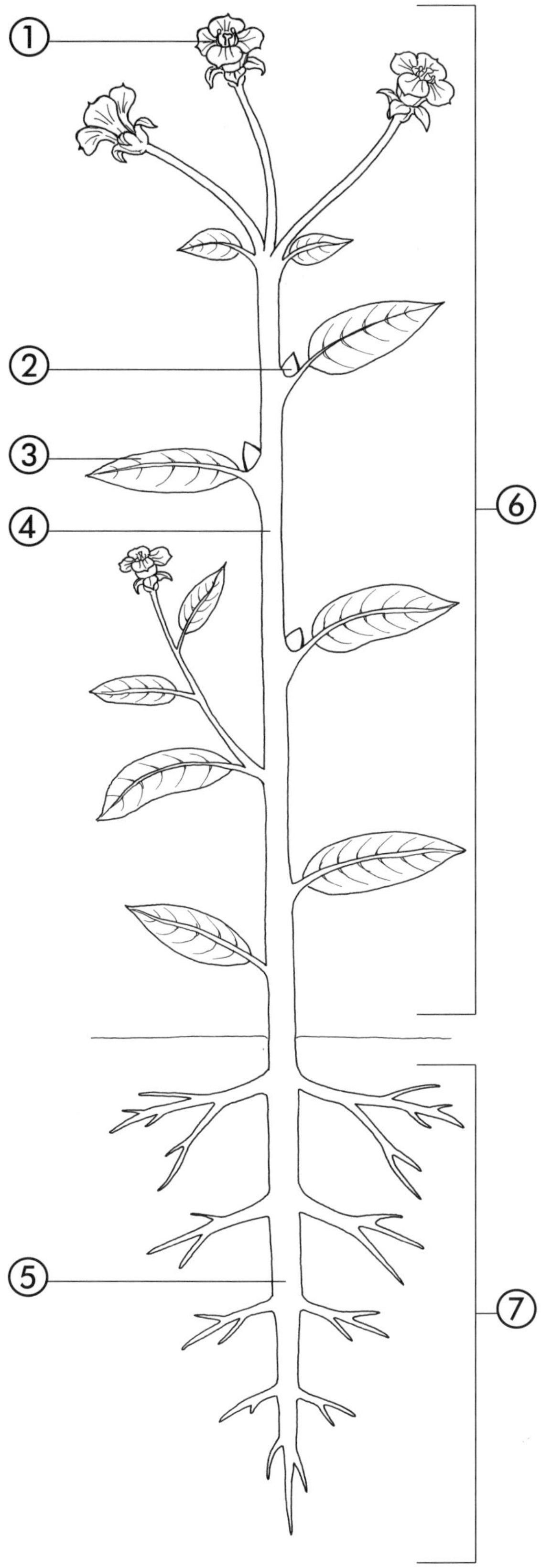

Bestandteil	Funktion
①	
②	
③	
④	
⑤	
⑥	
⑦	

1. Benenne die verschiedenen Bestandteile einer typischen Blütenpflanze.

2. Gib zu jedem Bestandteil mindestens eine wichtige Funktion an.

Blüten

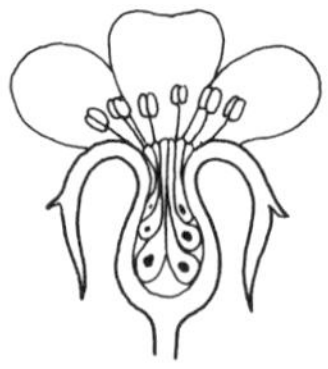

① ____________ ② ____________ ③ ____________ ④ ____________

Früchte

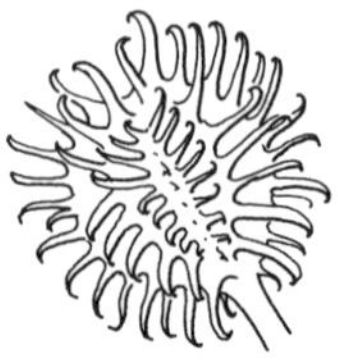

① ____________ ② ____________ ③ ____________ ④ ____________

Blätter

① ____________ ② ____________ ③ ____________ ④ ____________

Wurzeln

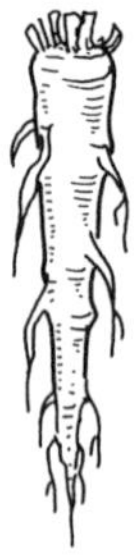

① ____________

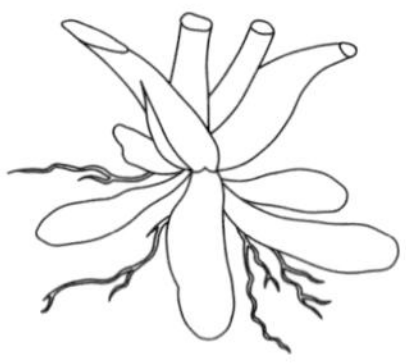

② ____________

1. Beschrifte die Abbildungen. Hinweis: Gib stets den allgemeinen Begriff bzw. das allgemeine Wort an, also z. B. Lippenblüte und nicht Taubnesselblüte.

Paprika

(   )

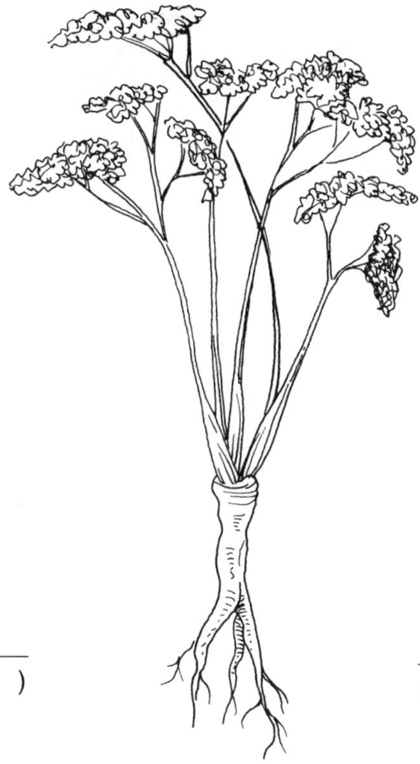

Petersilie

(   )

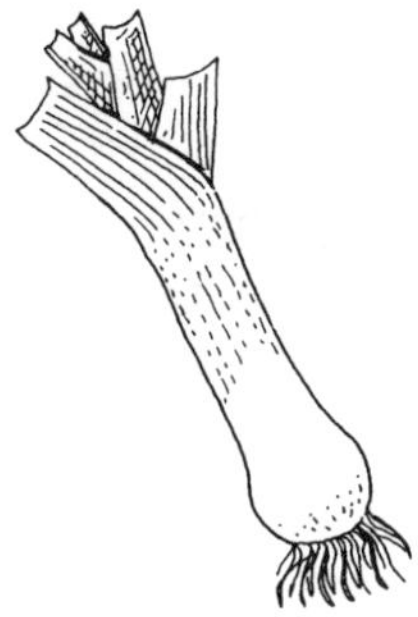

Porree

(   )

Sellerie

(   )

Tomate

(   )

Möhre

(   )

Zwiebel

(   )

Roggen

(   )

Blumenkohl

(   )

Apfel

(   )

1. Teile des pflanzlichen Grundbauplans wurden durch Züchtung abgewandelt, um diese für die menschliche Ernährung besser nutzen zu können. Schreibe den entsprechenden Fachbegriff in die Klammer unter dem vorgegebenen Begriff.

Bäume lassen sich an ihren Blättern erkennen (1)

Blatt: ____________

Blattrand: ____________

Blattform: ____________

Name:

Blatt: ____________

Blattrand: ____________

Blattform: ____________

Name:

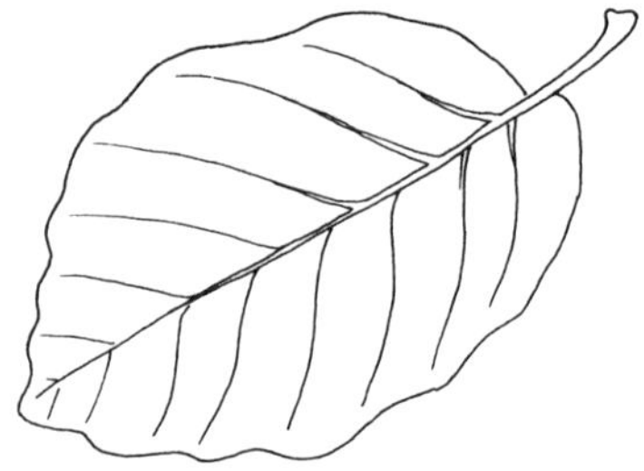

Blatt: ____________

Blattrand: ____________

Blattform: ____________

Name:

Blatt: ____________

Blattrand: ____________

Blattform: ____________

Name:

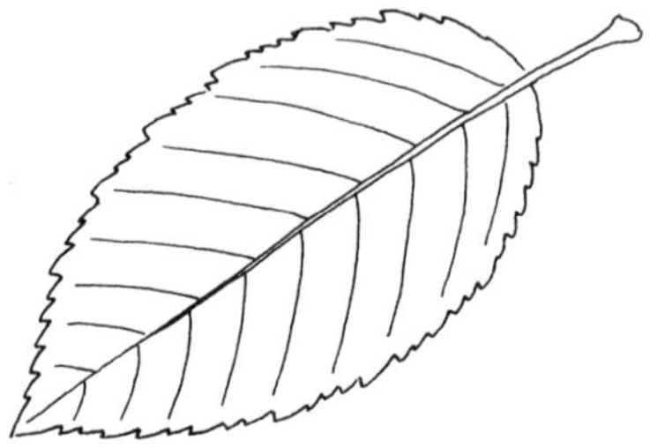

Blatt: ____________

Blattrand: ____________

Blattform: ____________

Name:

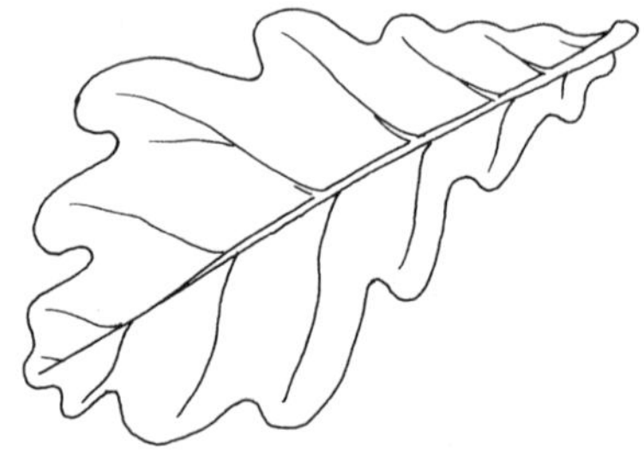

Blatt: ____________

Blattrand: ____________

Blattform: ____________

Name:

Blatt: ____________

Blattrand: ____________

Blattform: ____________

Name:

Blatt: ____________

Blattrand: ____________

Blattform: ____________

Name:

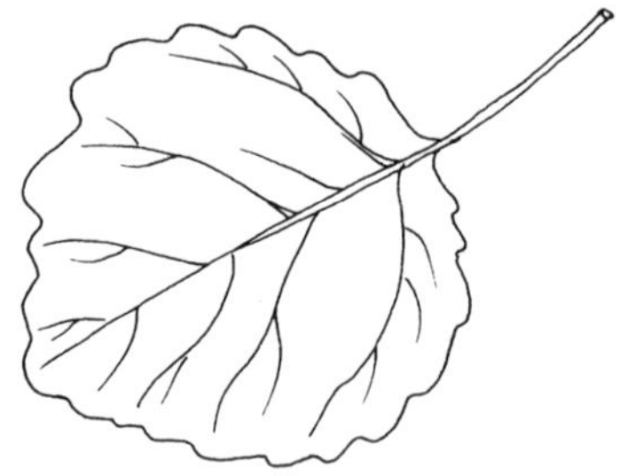

Blatt: ____________

Blattrand: ____________

Blattform: ____________

Name:

Bäume lassen sich an ihren Blättern erkennen (2)

1. Prüfe mithilfe der folgenden Angaben das Aussehen der Blätter im Arbeitsblatt 8, ihre Blattränder und Blattformen und notiere die Ergebnisse auf dem Arbeitsblatt 8.

Blatt:

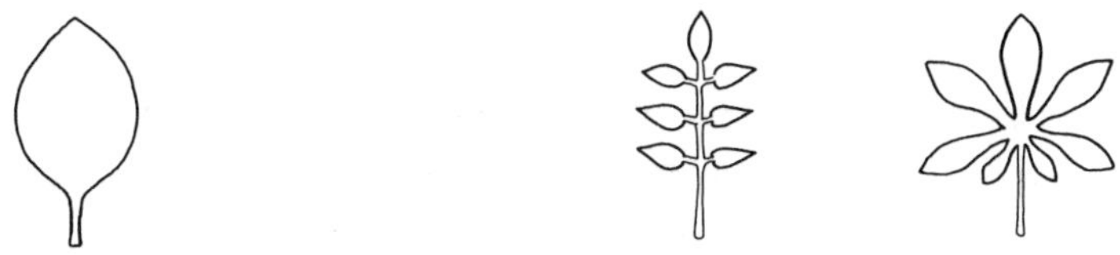

einfach oder zusammengesezt

Blattform:

ganzrandig, gesägt, doppelt gesägt, gebuchtet, gekerbt

Blattränder:

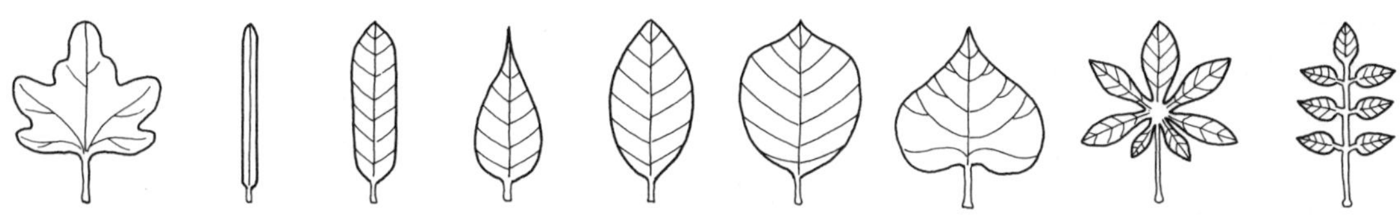

gelappt, nadelförmig, länglich, lanzettlich, eiförmig, verkehrt eiförmig, herzförmig, fingerförmig, unpaarig gefiedert

2. Trage nun mithilfe der folgenden Angaben den richtigen Namen des Baumes in das Arbeitsblatt 8 ein.

Blatt:	einfach
Blattrand:	gekerbt
Blattform:	verkehrt eiförmig
Name:	Pappel

Blatt:	einfach
Blattrand:	gebuchtet
Blattform:	gelappt
Name:	Platane

Blatt:	einfach
Blattrand:	stark gebuchtet
Blattform:	gelappt
Name:	Ahorn

Blatt:	zusammengesetzt
Blattrand:	gesägt
Blattform:	fingerförmig
Name:	Rosskastanie

Blatt:	zusammengesetzt
Blattrand:	gesägt
Blattform:	unpaarig gefiedert
Name:	Esche

Blatt:	einfach
Blattrand:	gesägt
Blattform:	eiförmig
Name:	Hainbuche

Blatt:	einfach
Blattrand:	gebuchtet
Blattform:	länglich
Name:	Eiche

Blatt:	einfach
Blattrand:	glatt
Blattform:	eiförmig
Name:	Rotbuche

Blatt:	einfach
Blattrand:	gesägt
Blattform:	herzförmig
Name:	Linde

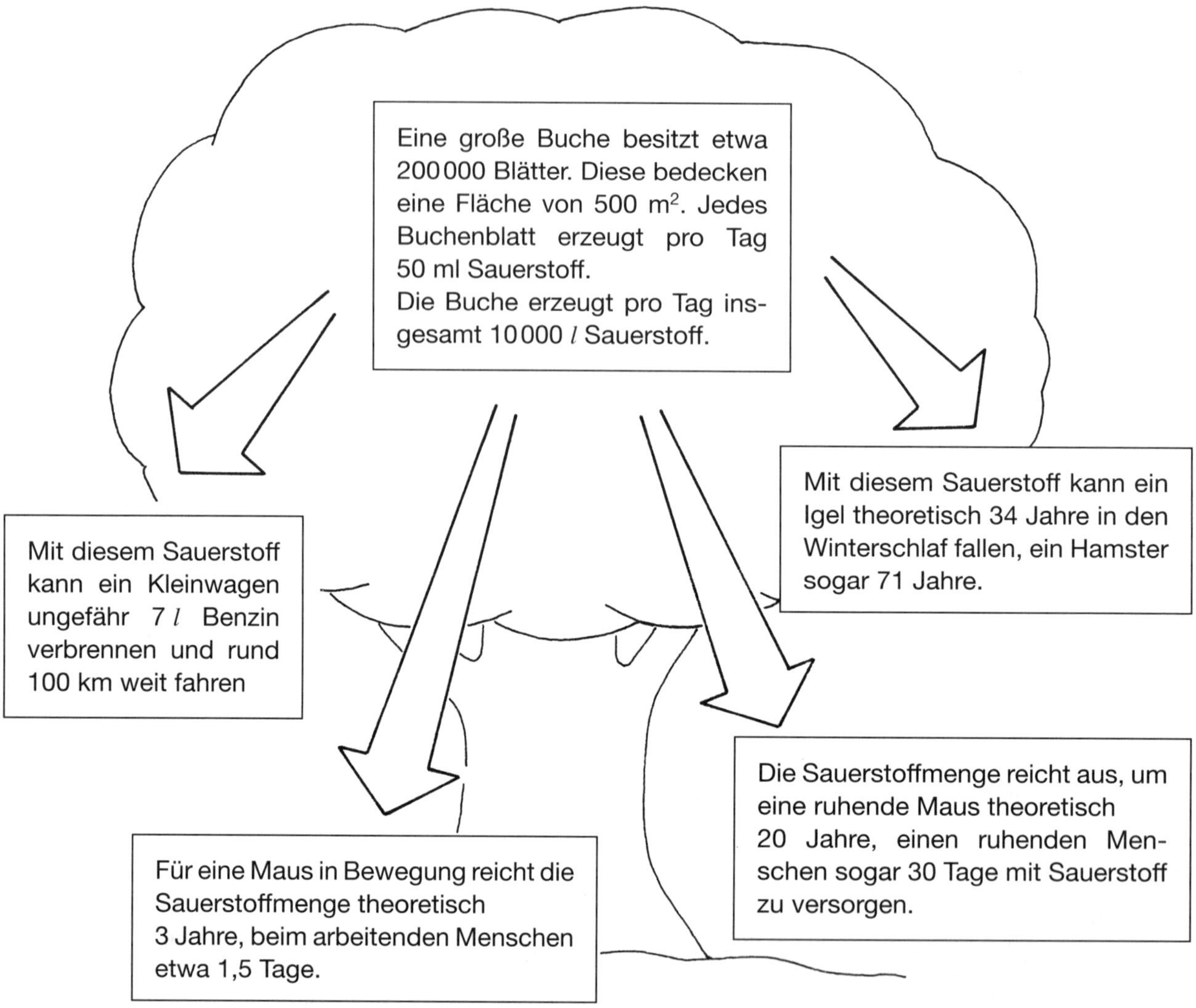

1. Wie lange muss die Buche theoretisch Sauerstoff produzieren um
a) eine ruhende Maus ein Jahr mit Sauerstoff zu versorgen?

b) einen arbeitenden Menschen ein Jahr mit Sauerstoff zu versorgen?

c) mit einem Auto eine Strecke von 800 km zurücklegen zu können?

2. Erkläre den unterschiedlichen Sauerstoffverbrauch der verschiedenen Lebewesen.

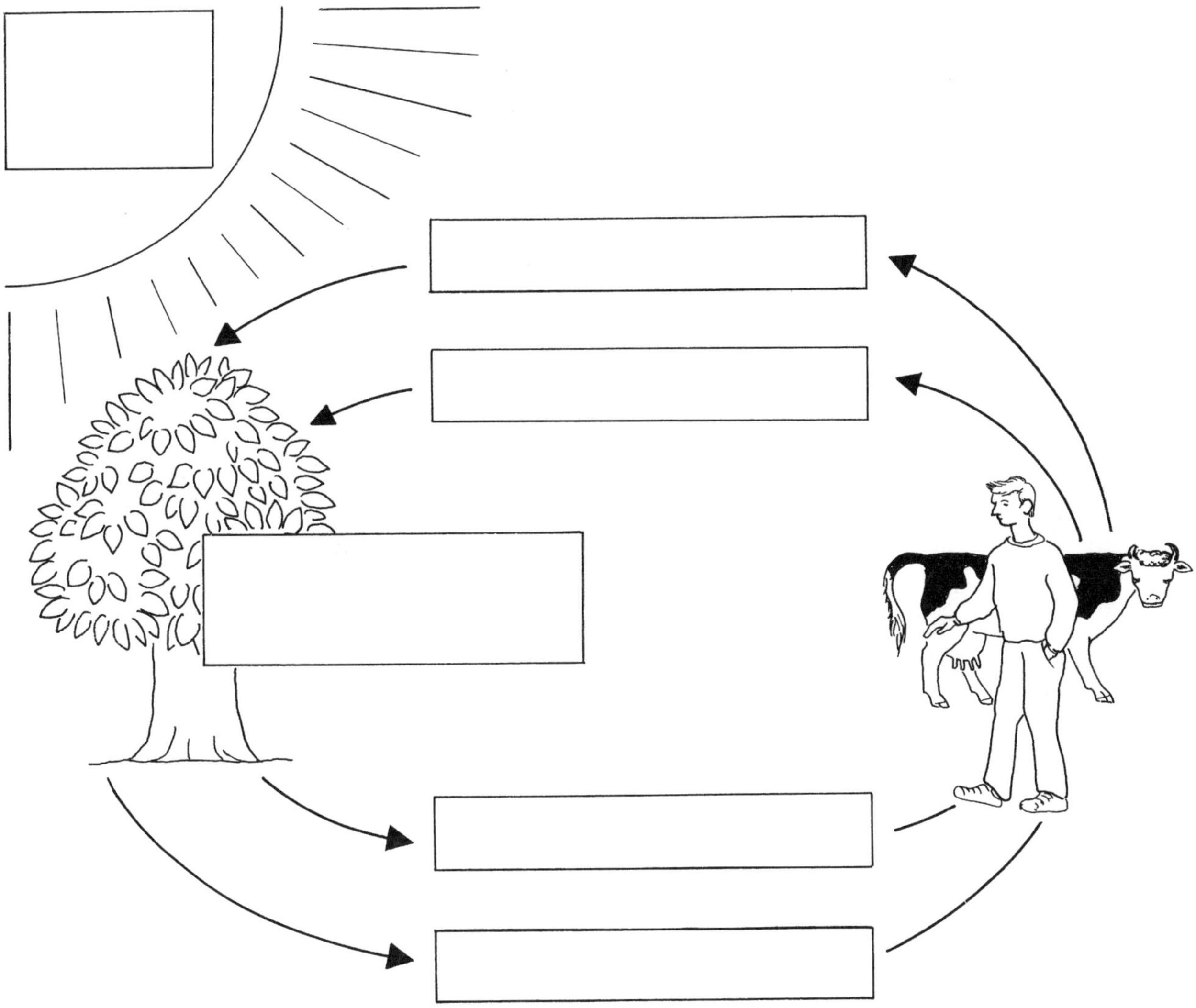

1. Vervollständige die obige Abbildung. Trage dazu die folgenden Begriffe ein: Kohlenstoffdioxid, Sauerstoff, Stärke, Wasser, Sonnenlicht, Chloroplasten mit Chlorophyll.

2. Erkläre anhand der Abbildung die Begriffe Fotosynthese und Atmung.

3. Erkläre den folgenden Satz: Die grünen Pflanzen bilden die Grundlage des Lebens für alle Lebewesen.

Aufbau des Mikroskops

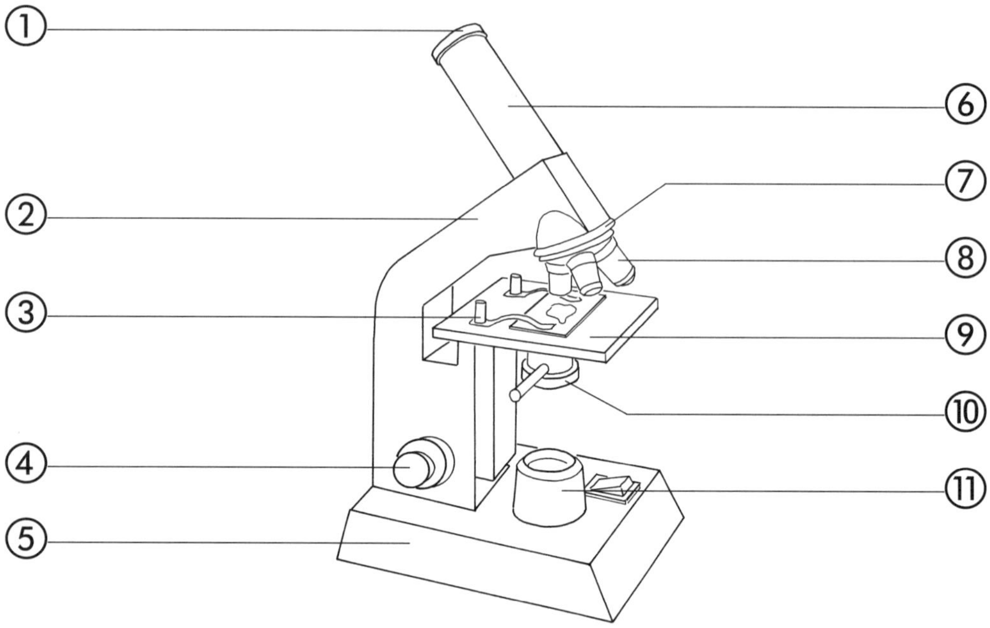

1. Trage die folgenden Begriffe neben die Ziffern der Abbildung ein: Blende, Objektiv, Griff, Halteklammern, Tubus, Objekttisch, Okular, Objektivrevolver, Triebrad, Stativ, Beleuchtung.

2. Vervollständige die Tabelle.

Nr.	Bestandteil	Aufgabe
	Blende	
		Linse, die sich beim Mikroskopieren direkt vor deinem Auge befindet. Man kann sie auswechseln und erzielt hier Vergrößerungen von 5 x, 10 x oder 15 x.
		Besteht meistens aus einer Lampe. Bei einigen Mikroskopen findet man stattdessen einen Spiegel, durch dessen Stellung die Helligkeit verändert werden kann.
	Objektivrevolver	
		Röhre zwischen Okular und Objektiv.
	Triebrad	
		Dient zum Tragen des Mikroskops.
		Die dem Objekt zugewandte Vergrößerungslinse. Sie vergrößert zum Beispiel 10x, 45x oder 100x.
		Befestigen den Objektträger auf dem Objekttisch.
		Gibt dem Gerät festen Stand und wird daher oft auch Fuß genannt.
		Trägt den Objektträger. In der Mitte besitzt der Objekttisch eine Öffnung, durch die das Licht fällt.

Wir mikroskopieren ein Blatt der Wasserpest

Material: Objektträger, Deckglas, Filterpapier, Becherglas mit Wasser, Pipette, Pinzette, Mikroskop, Spross einer Wasserpest

Durchführung: 1. Mit einer Pipette wird ein Tropfen Leitungswasser auf die Mitte des Objektträgers gegeben. Dann wird das abgezupfte Blatt, das Objekt, mit einer Pinzette in den Tropfen gelegt.
2. Ein dünnes Glasplättchen, das Deckglas, wird seitlich an den Wassertropfen gesetzt und vorsichtig aufgelegt. Das Deckglas bedeckt das Objekt und schützt es vor dem Austrocknen.
3. Überschüssiges Wasser wird mit einem Streifen Filterpapier seitlich abgesaugt. Das Frischpräparat ist fertig zur mikroskopischen Untersuchung.

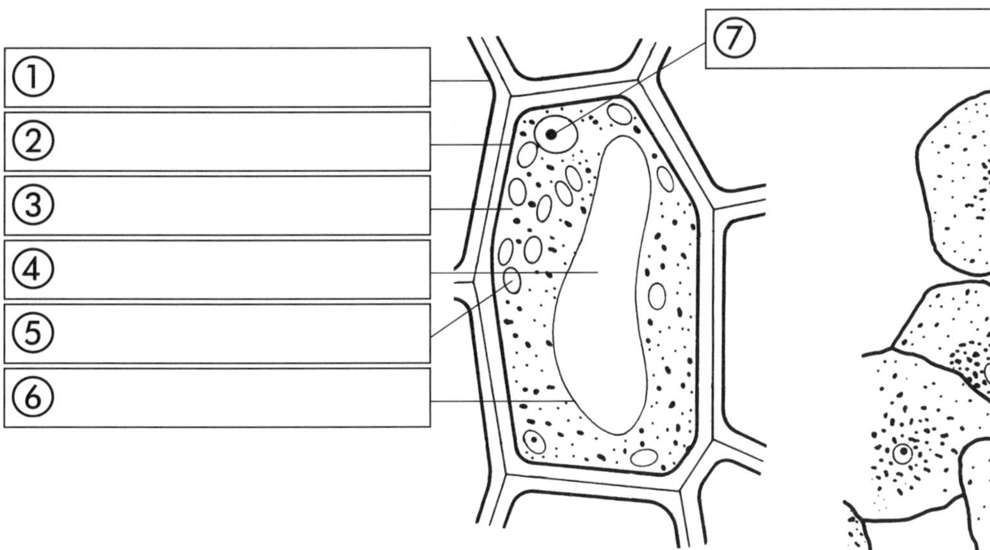

A Blattzelle der Wasserpest (Schema)

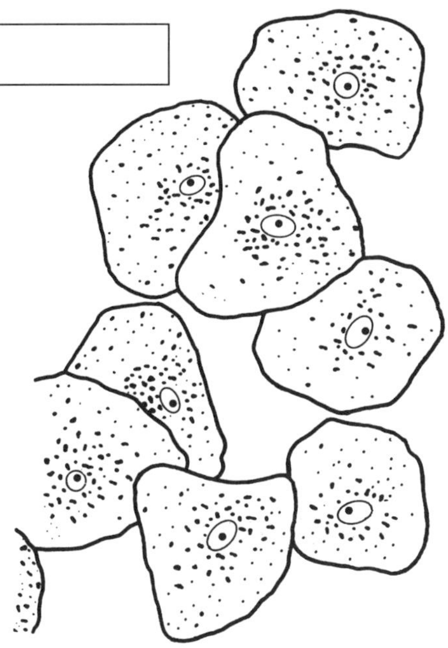

B Mundschleimhautzellen des Menschen (Schema)

1. Beschrifte die Abbildung A.

2. Vergleiche die Abbildungen A und B. Stelle Gemeinsamkeiten und Unterschiede heraus.

Rätselhaftes rund um die Zelle und Mikroskop

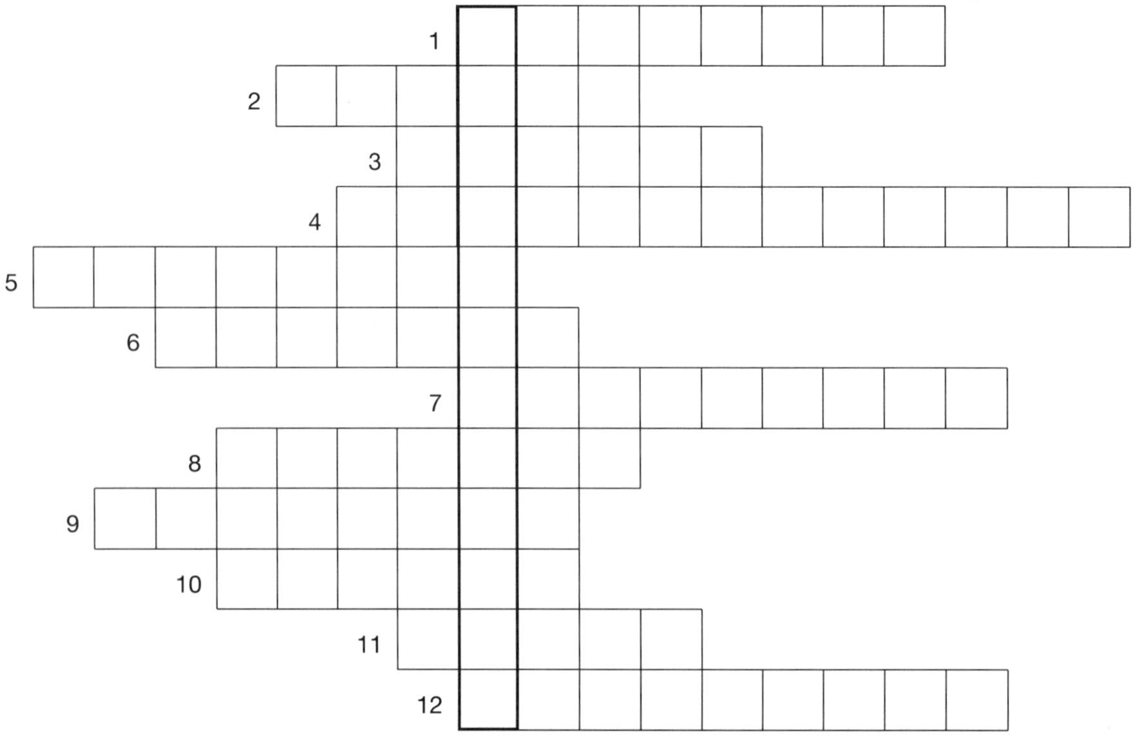

1. Sie verleiht der Pflanzenzelle Festigkeit.
2. Ein Zellverband aus mehreren gleichartigen Zellen.
3. Mit ihrer Hilfe stellst du Helligkeit und Kontrast am Mikroskop ein.
4. Sie enthalten den grünen Blattfarbstoff.
5. Es befindet sich beim Mikroskopieren zwischen Präparat und Objektiv.
6. Sie umgibt das Zellplasma.
7. Hiermit stellst du das Objekt scharf.
8. Sie wird benötigt, um das Präparat beim Mikroskopieren mit Wasser zu benetzen.
9. Er steuert alle Vorgänge in der Zelle.
10. Du hast es beim Mikroskopieren direkt vor dem Auge.
11. Name der Röhre zwischen Okular und Objektiv.
12. Dein Arbeitsgerät, wenn du Zellen untersuchen möchtest.

Die Buchstaben in den stark umrandeten Kästchen ergeben, von oben nach unten, das Lösungswort:

____

Der Aufbau einer Kirschblüte

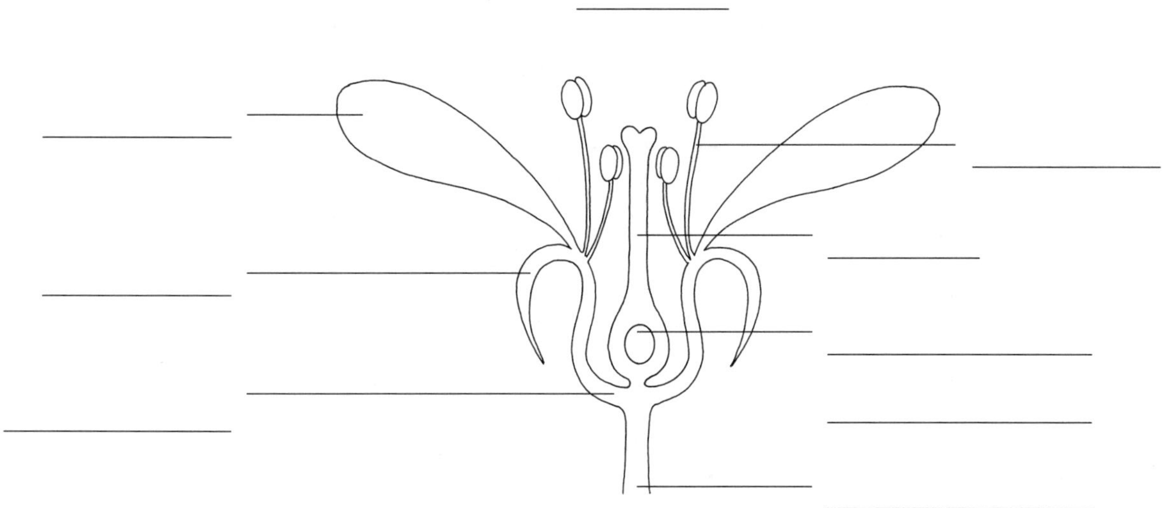

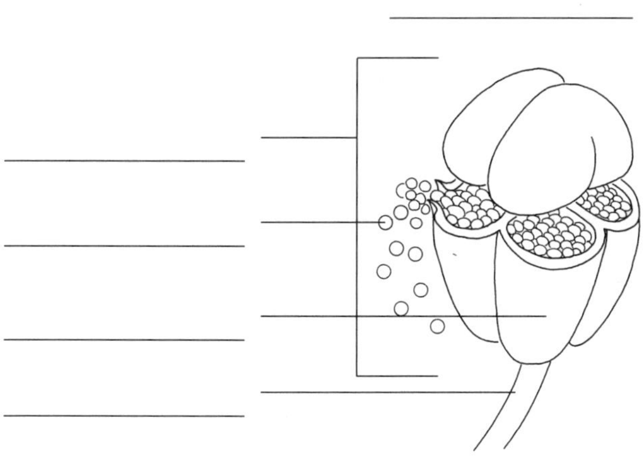

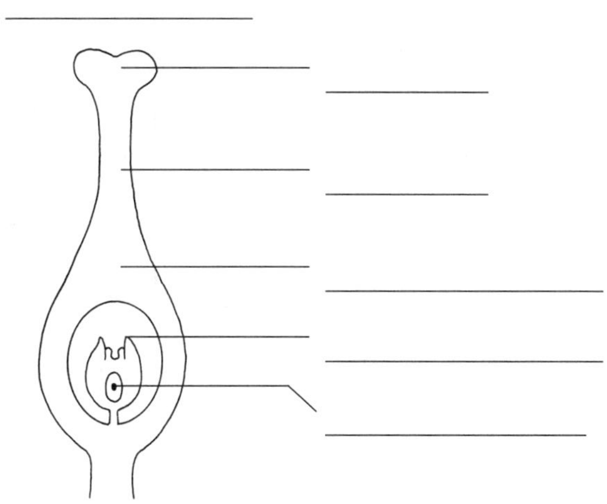

1. Beschrifte die Abbildungen.

2. Nenne die Aufgaben folgender Blütenteile:

Kelchblätter: ______________________________

Staubblätter: ______________________________

Kronblätter ______________________________

Stempel: ______________________________

3. Die Kirschblüte ist eine Zwitterblüte. Erkläre diesen Ausdruck.

____

____

Bestäubung, Befruchtung und Fruchtentwicklung bei der Kirsche (2)

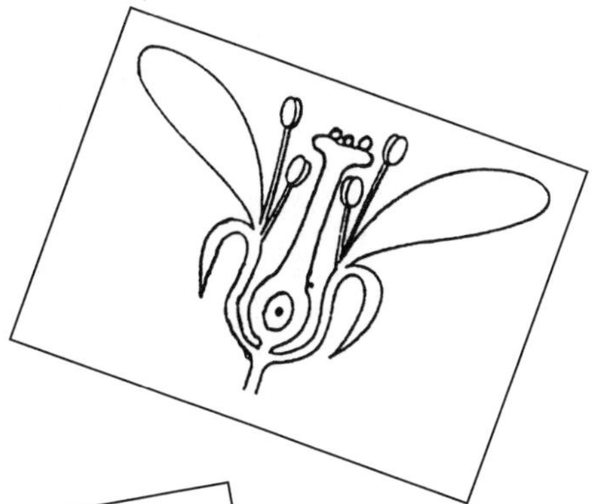

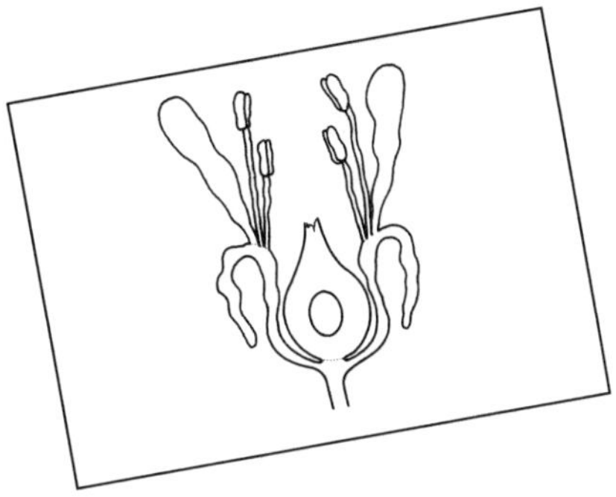

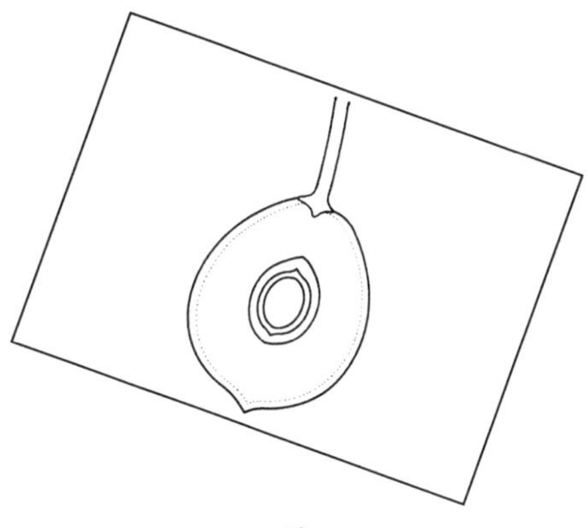

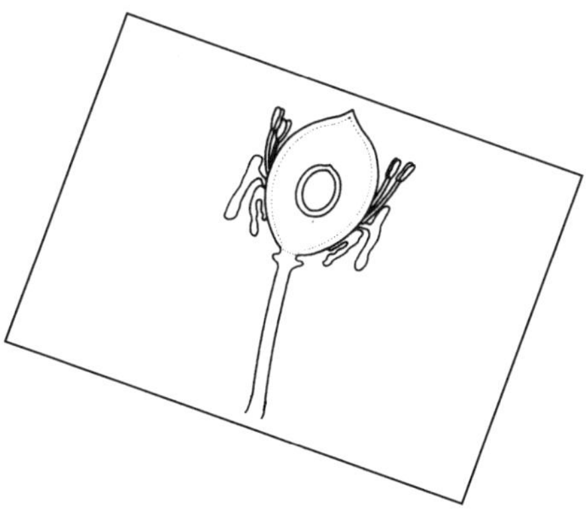

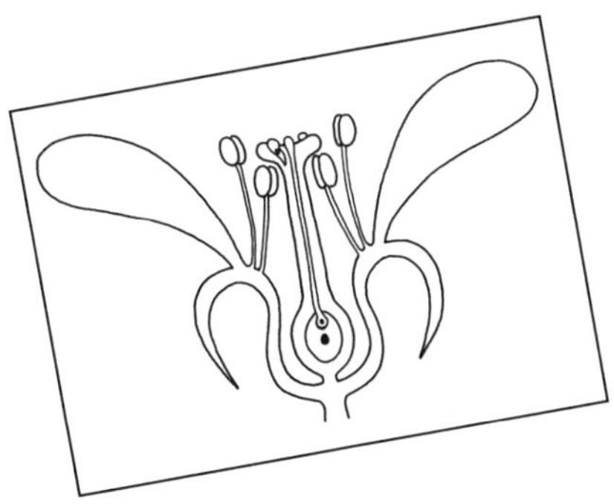

1. Schneide die Bilder aus und klebe sie in der richtigen Reihenfolge auf Arbeitsblatt 1 (S. 16).

2. Beschreibe die einzelnen Phasen ausführlich. Verwende dabei folgende Begriffe: Pollenkörner, Narbe, Pollenschlauch, Stempel, Griffel, Fruchtknoten, Samen, Steinfrucht, Fruchtfleisch.

Windbestäubung bei der Hasel

A Haselzweig im Frühjahr

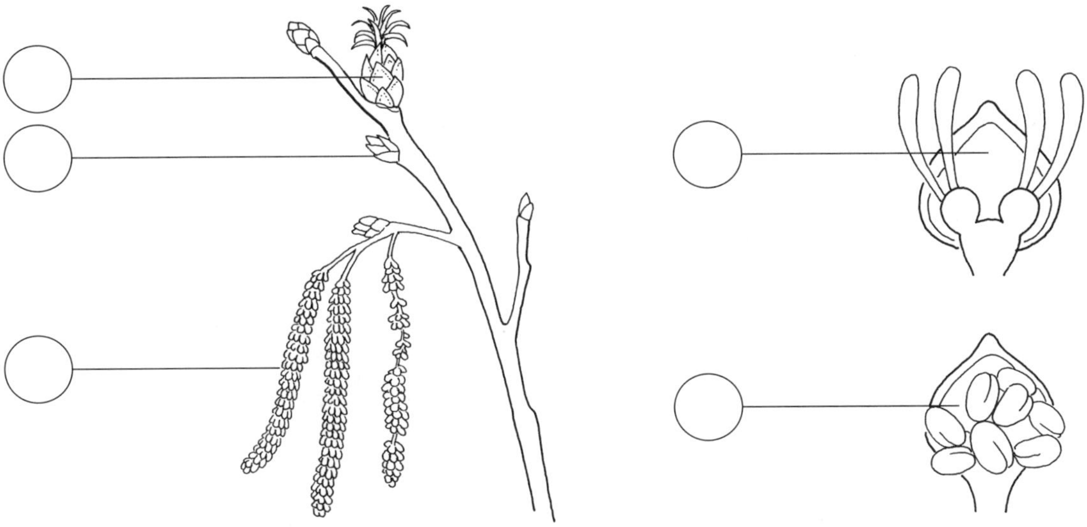

1. Trage die richtigen Ziffern in Abbildung A ein: 1 = weiblicher Blütenstand, 2 = männlicher Blütenstand, 3 = Blattknospe, 4 = weibliche Einzelblüte (Stempelblüte), 5 = männliche Einzelblüte von unten.

2. Male in Abbildung A die Stempel grün und die Staubblätter gelb aus.

B ______________________________

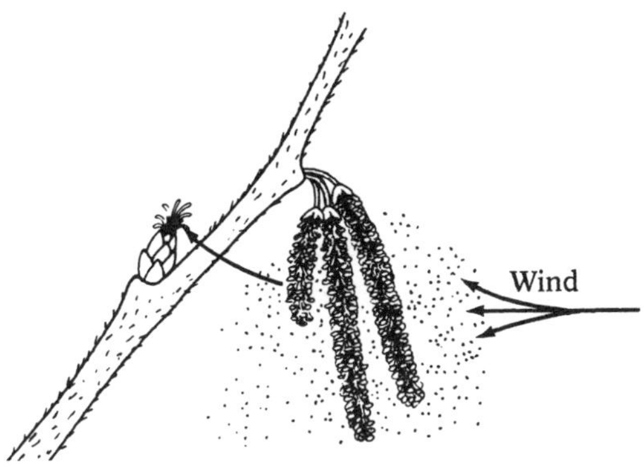

3. Gib dem Vorgang in Abbildung B eine Überschrift und erläutere die Bedeutung des Vorgangs für die Pflanze.

____

____

____

____

C Haselzweig im Sommer

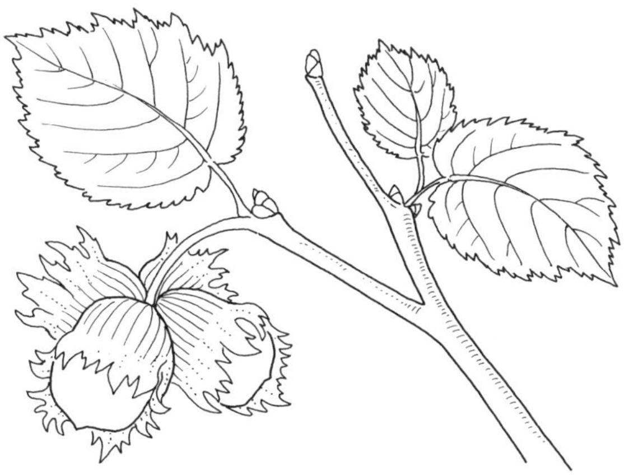

4. Erkläre die Veränderungen des Haselzweiges im Sommer.

____

____

____

____

____

____

Samen enthalten Nährstoffe

Material: Jod-Jodkaliumlösung, Eiweiß-Teststäbchen (aus der Apotheke), Butterbrotpapier, Mandeln, Erbsen, Mais, Sojabohnen, Walnüsse, Bohnen, Weizen, Haselnüsse, Roggen, Sonnenblumenkerne, Reis, Linsen, Wasser

Durchführung:
1. Die Samen von Erbsen, Mais, Sojabohnen, Bohnen, Weizen, Roggen, Reis und Linsen müssen vor der eigentlichen Untersuchung einen Tag im Wasser quellen.
2. Führe die Nachweise auf die verschiedenen Nährstoffe durch. Vervollständige die Tabelle.

Nährstoffe	Methode	Benötigte Materialien
Kohlenhydrate		
Fett		
Eiweißstoffe		

Aufgabe: Notiere die Ergebnisse deiner Untersuchung:

Samen	Kohlenhydrate	Fett	Eiweißstoffe
Mandeln			
Erbsen			
Mais			
Sojabohnen			
Walnüsse			
Bohnen			
Weizen			
Haselnüsse			
Roggen			
Sonnenblumenkerne			
Reis			
Linsen			

Bohnen keimen auf unterschiedliche Arten

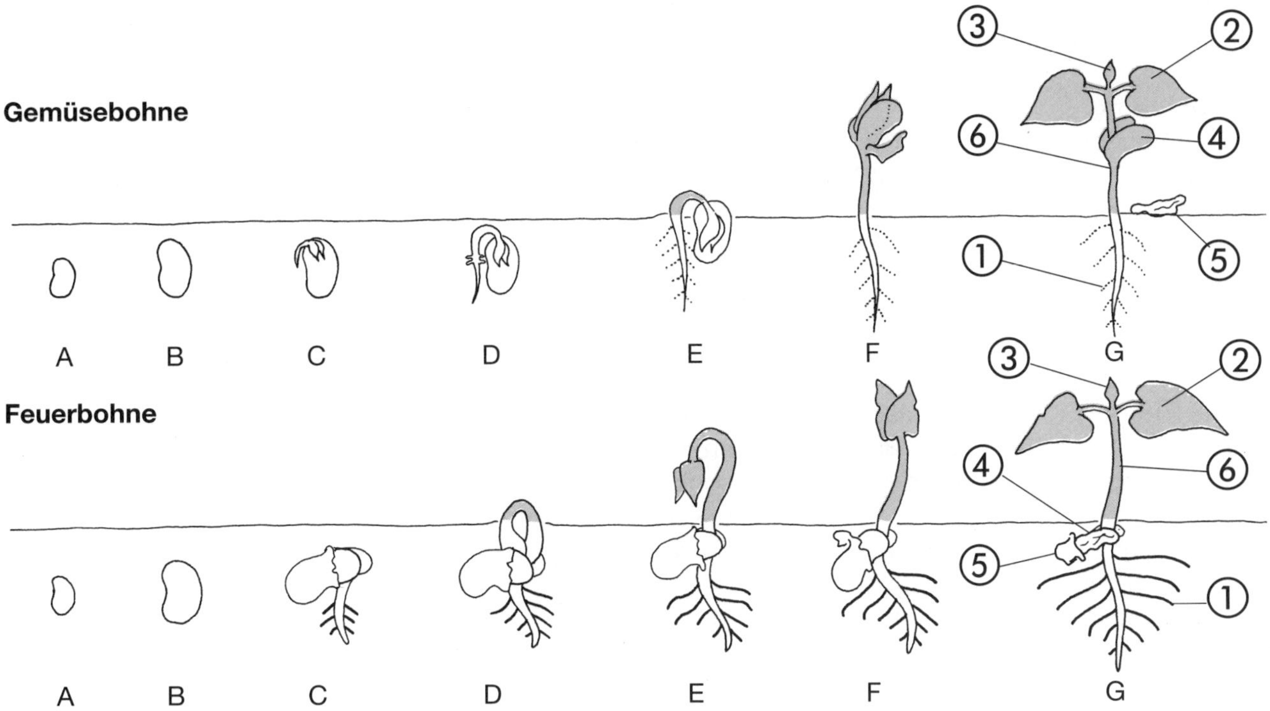

1. Ordne den folgenden Bezeichnungen die entsprechenden Ziffern zu:

Knospe (   ), Wurzel (   ), Stängel (   ), Samenschale (   ), Laubblatt (   ), Keimblatt (   ).

2. Beschreibe und vergleiche in der folgenden Tabelle die Keimung bei Gemüsebohne und Feuerbohne.

Phase	Gemüsebohne	Feuerbohne
A		
B		
C		
D		
E		
F		
G		

Versuche zur Bedeutung der Keimblätter (1)

Material: 20 Samen der Gemüsebohne, 3 Blumentöpfe, Blumenerde, 1 Glasgefäß, Jod-Kaliumjodid-Lösung, Pipetten, Pinzetten, Messer

Durchführung:

1. Fünf Bohnensamen legt man in eine Glasschale und bedeckt sie mit Wasser. Am nächsten Tag werden die gequollenen Samen aus dem Glasgefäß abgetrocknet. Nun entfernt man die Samenschale und legt die beiden Keimblätter frei. Für die weitere Untersuchung schneidet man die Keimblätter auf und beträufelt die Schnittfläche mit Jod-Kaliumjodid-Lösung. Das Ergebnis wird in den Protokollbogen A auf der nächsten Seite eingetragen.

2. Die drei Blumentöpfe werden mit Erde gefüllt. Darauf legt man jeweils fünf Bohnensamen. Die Töpfe werden ans Fenster gestellt und regelmäßig gut begossen. Nun muss man einige Tage warten, bis die oberirdischen Teile der Keimpflanzen entwickelt sind.

3. Nach etwa 10 Tagen geht man folgendermaßen vor: Bei den Pflanzen aus Topf I entfernt man ein Keimblatt, in Topf II werden beide Keimblätter entfernt. Die Pflanzen aus Topf III bleiben unverändert.

4. Die abgetrennten Keimblätter werden mit Jodlösung untersucht und die Ergebnisse im Protokollbogen A notiert.

5. Die Keimpflanzen aus den drei Blumentöpfen werden täglich beobachtet und die Ergebnisse im Protokollbogen B festgehalten.

6. Sobald die noch vorhandenen Keimblätter der Pflanzen in Topf I bzw. III welken und abfallen, werden sie mit Jodlösung untersucht und das Ergebnis im Protokollbogen A notiert.

Aufgabe:

a. Erkläre die Versuchsbeobachtungen und notiere diese im Protokollbogen C.

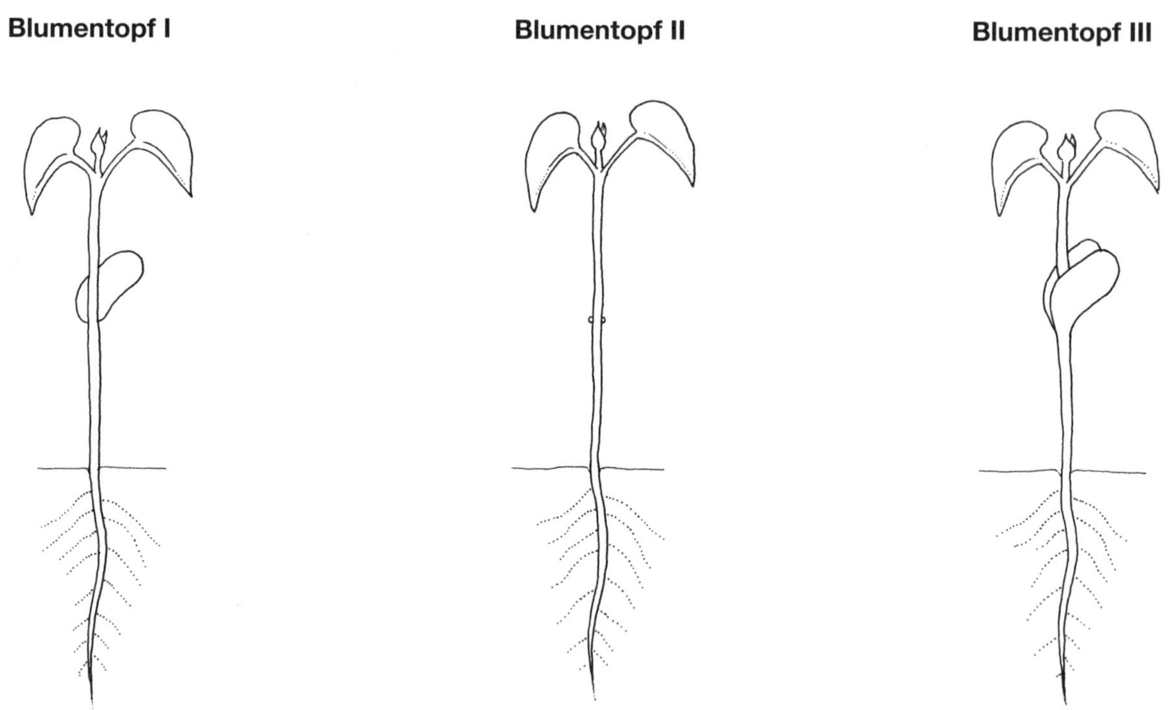

Protokollbogen A: Stärkenachweis

Gequollene Keimblätter	Abgetrennte Keimblätter nach … Tagen	Verwelkte Keimblätter nach … Tagen

Protokollbogen B: Beobachtung an den Keimpflänzchen

Tag nach Versuchsbeginn	Größe, Farbe und Aussehen der Pflanzen in		
	Topf I	Topf II	Topf III

Protokollbogen C: Erklärung der Beobachtungen

Wachstums- und Keimungsbedingungen (1)

Bedingungen	Keimung	Wachstum
Er; Wa; Li; Wä; Lu		
~~Er~~; Wa; Li; Wä; Lu;		
Er; ~~Wa~~; Li; Wä; Lu		
Er; Wa; ~~Li~~; Wä; Lu		
Er; Wa; Li; ~~Wä~~; Lu		
Er; Wa; Li; Wä; ~~Lu~~		

Legende: Er = Erde; Wa = Wasser; Li = Licht; Wä = Wärme; Lu = Luft.
x bedeutet, dass diese Umweltbedingung fehlt.

Notwendige Keimungsbedingungen: ______________________________

Notwendige Wachstumsbedingungen: ______________________________

Keimungs- und Wachstumsbedingungen (2)

Um die Keimungs- und Wachstumsbedingungen von Pflanzen zu untersuchen, werden verschiedene Versuche durchgeführt. Von den möglichen Außenfaktoren Erde (Er), Wasser (Wa), Licht (Li), Wärme (Wä) und Luft (Lu) wurde jeweils ein Faktor weggelassen. Die Ergebnisse dieser Versuche geben die folgenden Abbildungen wieder.

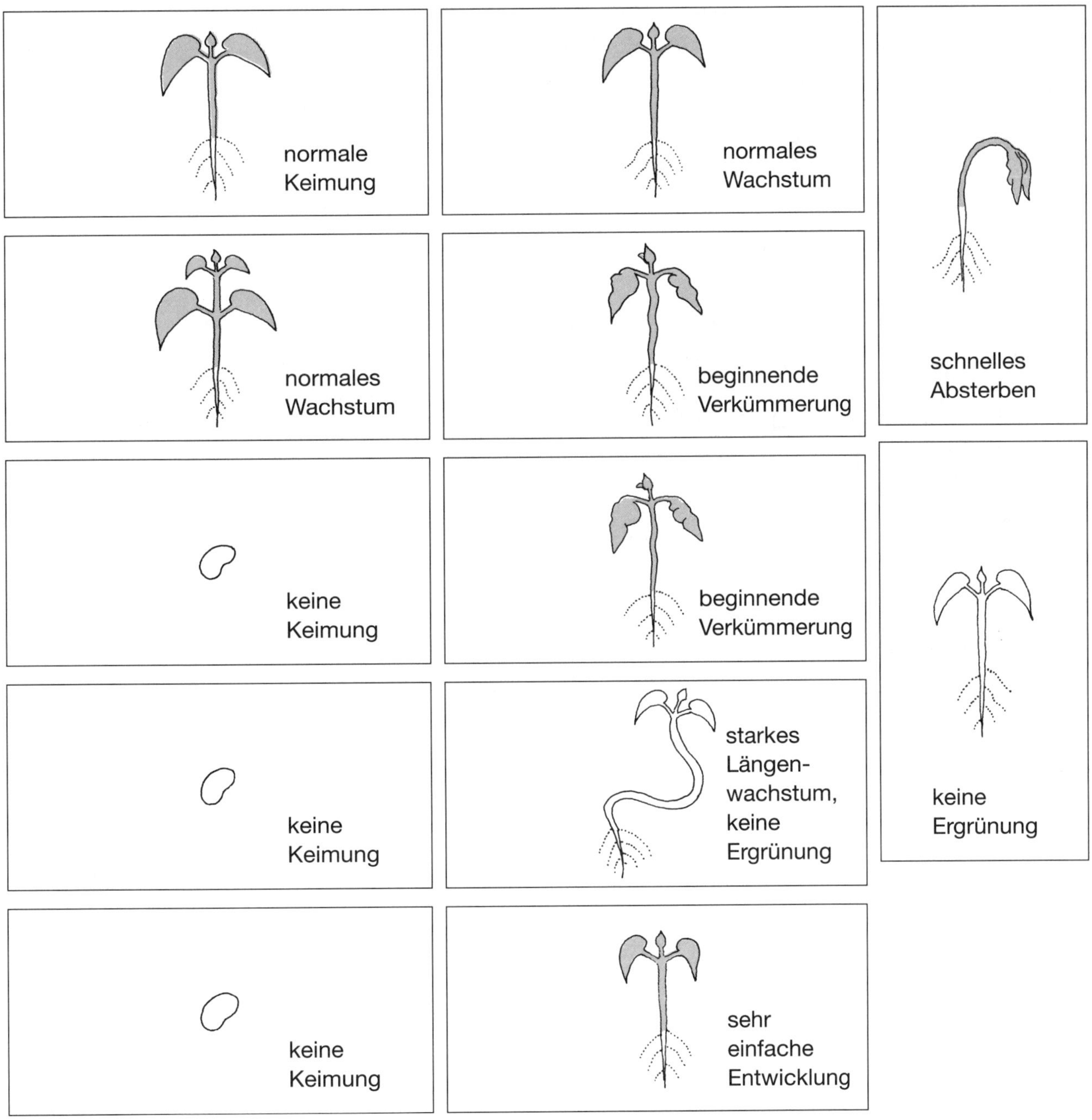

1. Schneide die Abbildungen aus und klebe sie an richtiger Stelle im Arbeitsblatt 1 (S. 24) ein.

2. Notiere die notwendigen Bedingungen für die Keimung bzw. für das Wachstum einer Pflanze.

____

____

A Aktive Verbreitung:

Bohrfrüchte sind durch Drehung des Samens in der Lage, diesen in die Erde zu bohren. Durch Wachstumsbewegung biegt sich der Fruchtstiel des Alpenveilchens nach unten und bringt die Frucht so in die feuchte Erde. Schleuderfrüchte springen durch Einrollen der Fruchtblätter auf und schleudern ihre Samen heraus.

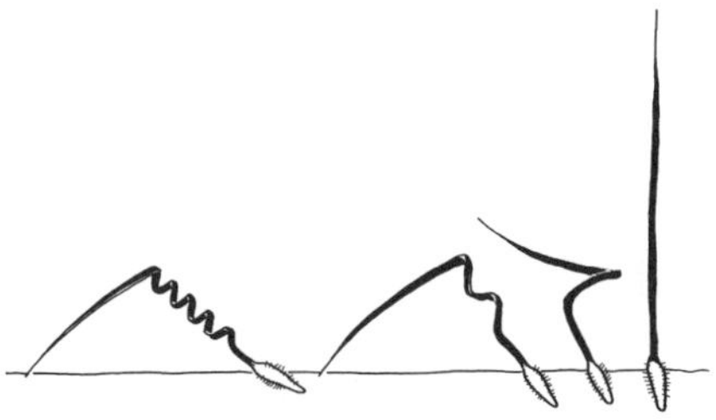

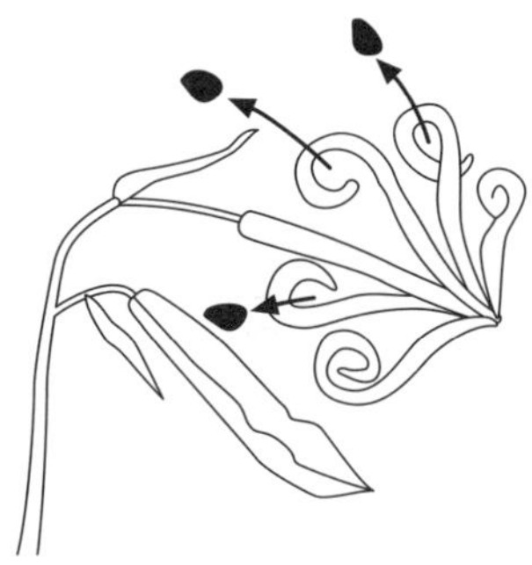

B Passive Verbreitung:

Durch den **Wind:** Streufrüchte befinden sich am Ende eines langen Stiels und schwanken im Wind. So werden die Samen herausgebracht. Flugfrüchte haben Flugflächen und werden vom Wind verteilt.
Durch das **Wasser:** Die Samen sind leicht und schwimmen auf dem Wasser. So werden die Schwimmfrüchte fortgetragen.
Durch **Tiere:** Ameisenfrüchte haben ein süß schmeckendes Anhängsel, das von Ameisen gern gefressen wird. Die Tiere verschleppen die Früchte. Klettfrüchte haften im Fell oder in Federn von Tieren und werden so verbreitet. Lockfrüchte werden wegen ihres Duftes oder wegen ihrer auffälligen Farbe gefressen. Die unverdaulichen Samen werden ausgeschieden und dadurch verbreitet.

Verbreitung durch:

Verbreitung durch:

Verbreitung durch:

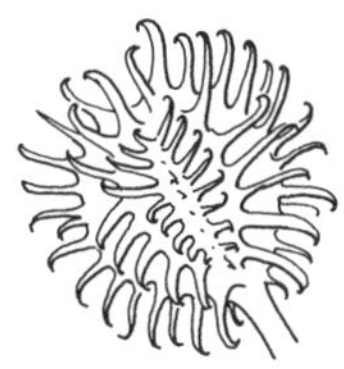

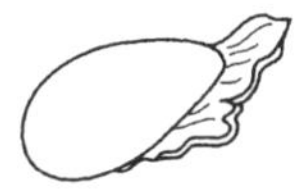

1. Trage die unterstrichenen und die fetten Begriffe in die richtigen Felder ein.

2. Erläutere die Bedeutung der Verbreitung der Samen für die Pflanze.

Ungeschlechtliche Fortpflanzung bei Pflanzen

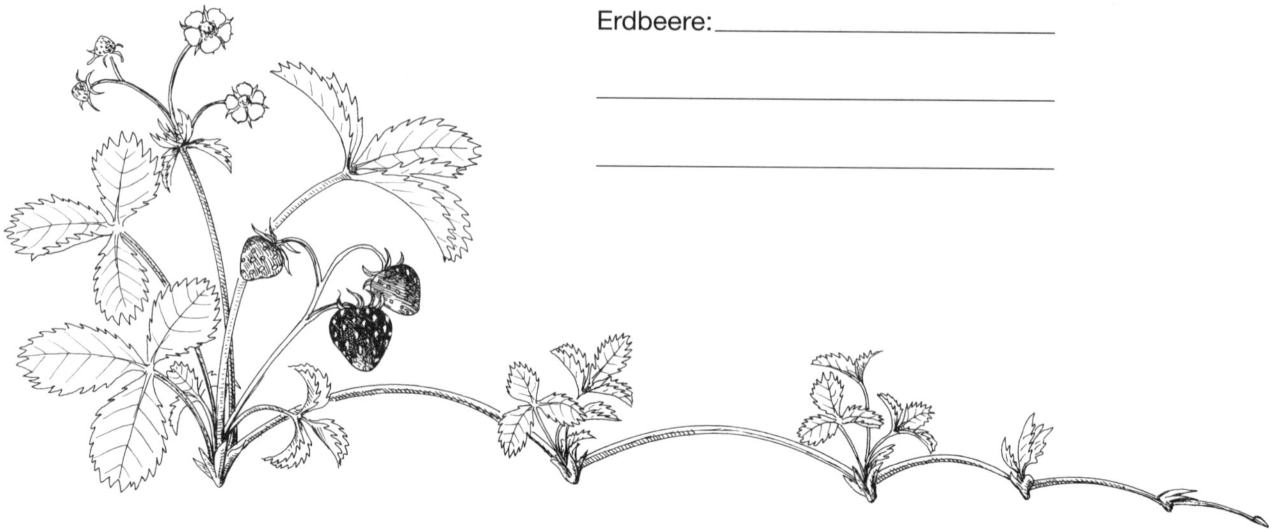

Erdbeere:

Kartoffel:

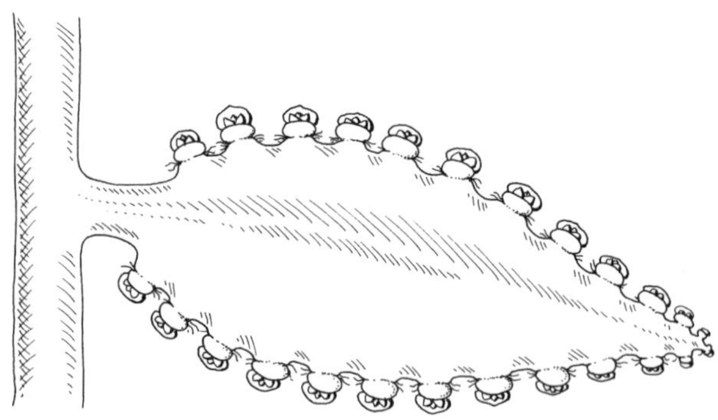

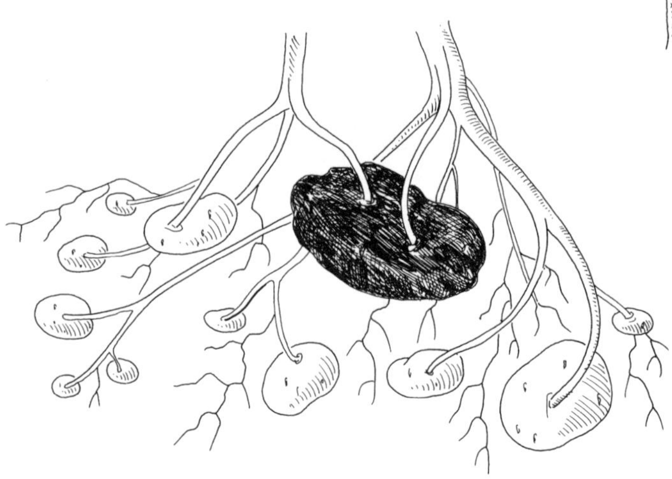

Bryophyllum (Brutblatt):

1. Ungeschlechtliche Vermehrung kann bei Pflanzen z. B. über Knollen, Brutblätter und Ausläufer erfolgen. Ordne den obigen Beispielen die jeweiligen Fachbegriffe zu und notiere dabei, welcher Pflanzenteil das Fortpflanzungsorgan bildet.

2. Gib die Unterschiede zwischen geschlechtlicher und ungeschlechtlicher Vermehrung an.

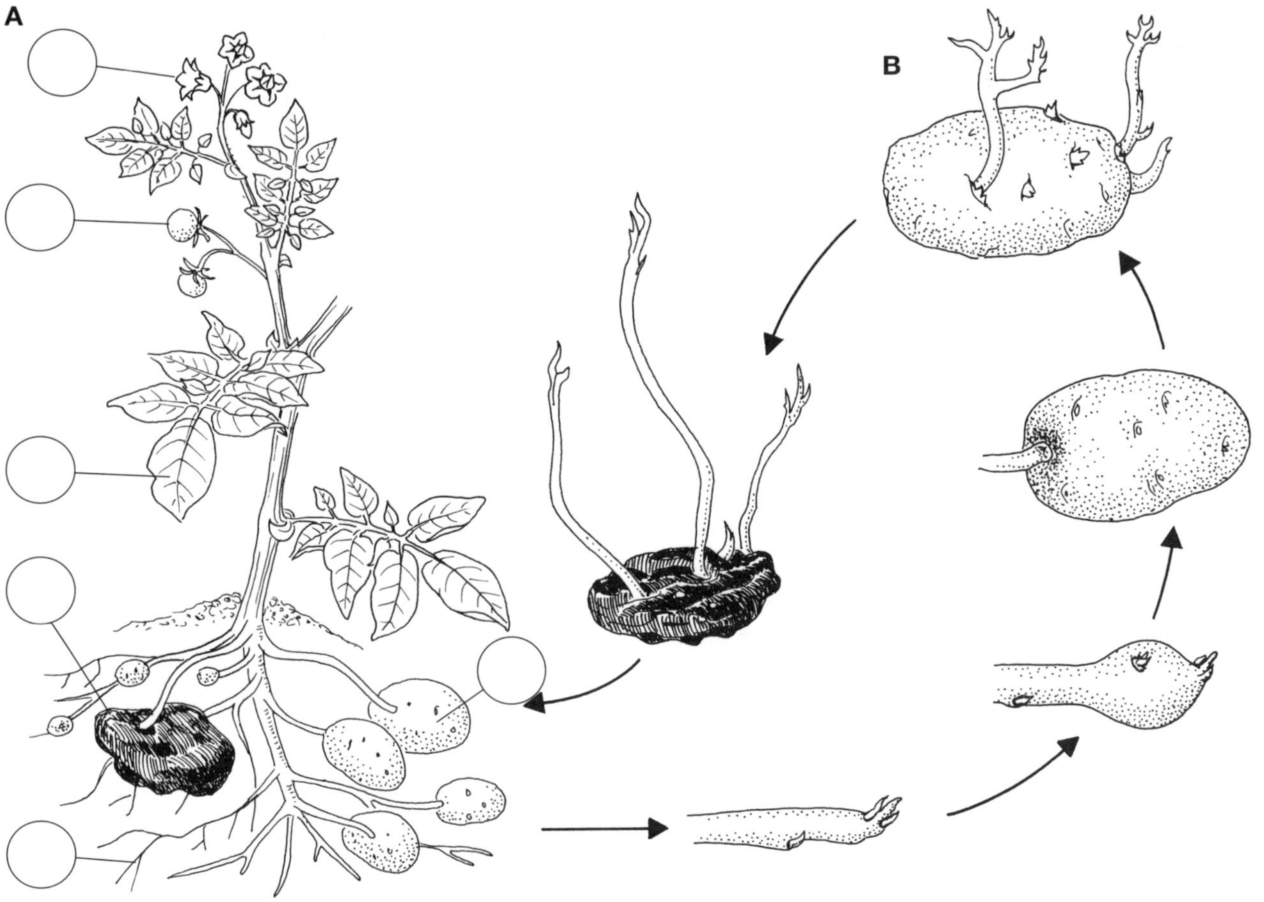

1. Beschrifte die Abbildung **A** mit den richtigen Ziffern:

Saatkartoffel (2), Beere (5), Blatt (3), Kartoffel (1), Blüte (4), Wurzel (6).

2. Die Abbildung B zeigt einige Stationen aus dem Lebenszyklus der Kartoffel. Beschreibe die dargestellten Vorgänge. Benutze dabei neben den oben genannten Begriffen die folgenden: Knospe, Stärke, Auge; Knolle, verdickter Sprossabschnitt, Frühjahrstrieb, Fotosynthese, Ausläufer, ungeschlechtliche Fortpflanzung.

Einheimische Getreidearten

				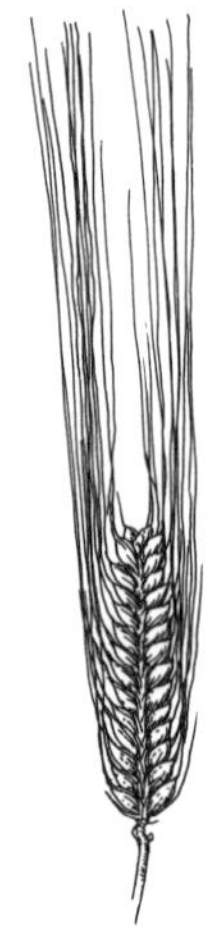
	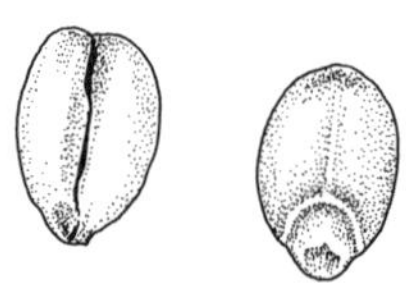	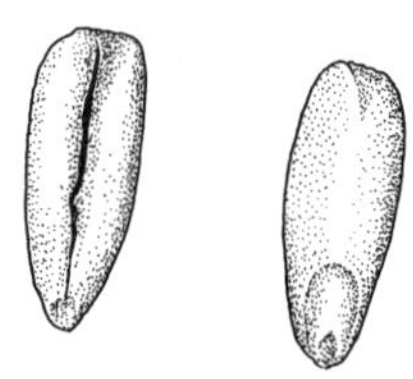	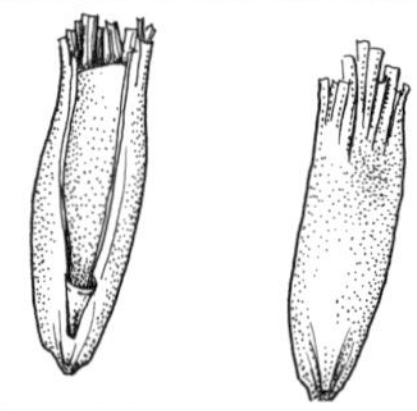	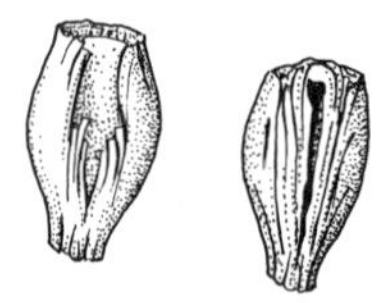
Getreide-art	Weizen			
Halm	kurz, stark			
Blüten-stand	Ähren			
Grannen	keine			
Körner	rund, dick			
Ver-wendung	Brotgetreide, Herstellung von Backwaren, Bierherstellung			

1. Vervollständige die Tabelle

Die Vermehrung der Tulpe durch Zwiebeln

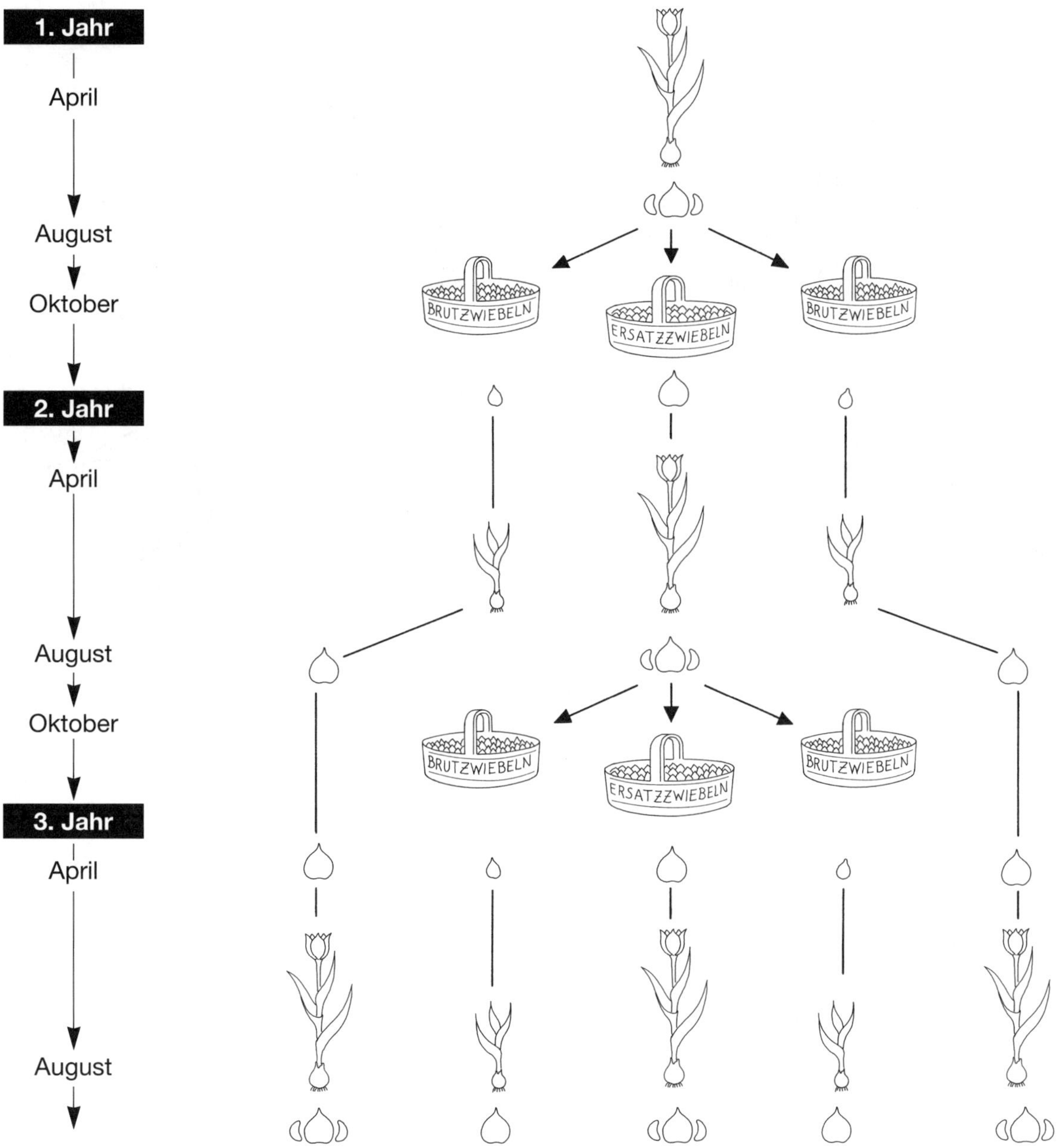

1. Beschreibe die Fortpflanzung und Entwicklung der Tulpenpflanze.

____

____

____

____

____

2. Berechne, wie viele Tulpen man theoretisch nach 10 Jahren aus einer Tulpe erzeugen kann. Gehe davon aus, dass jede vollentwickelte Tulpe eine Ersatzzwiebel und zwei Brutzwiebeln ausbildet.

____

Die Tulpenzwiebel im Jahresverlauf

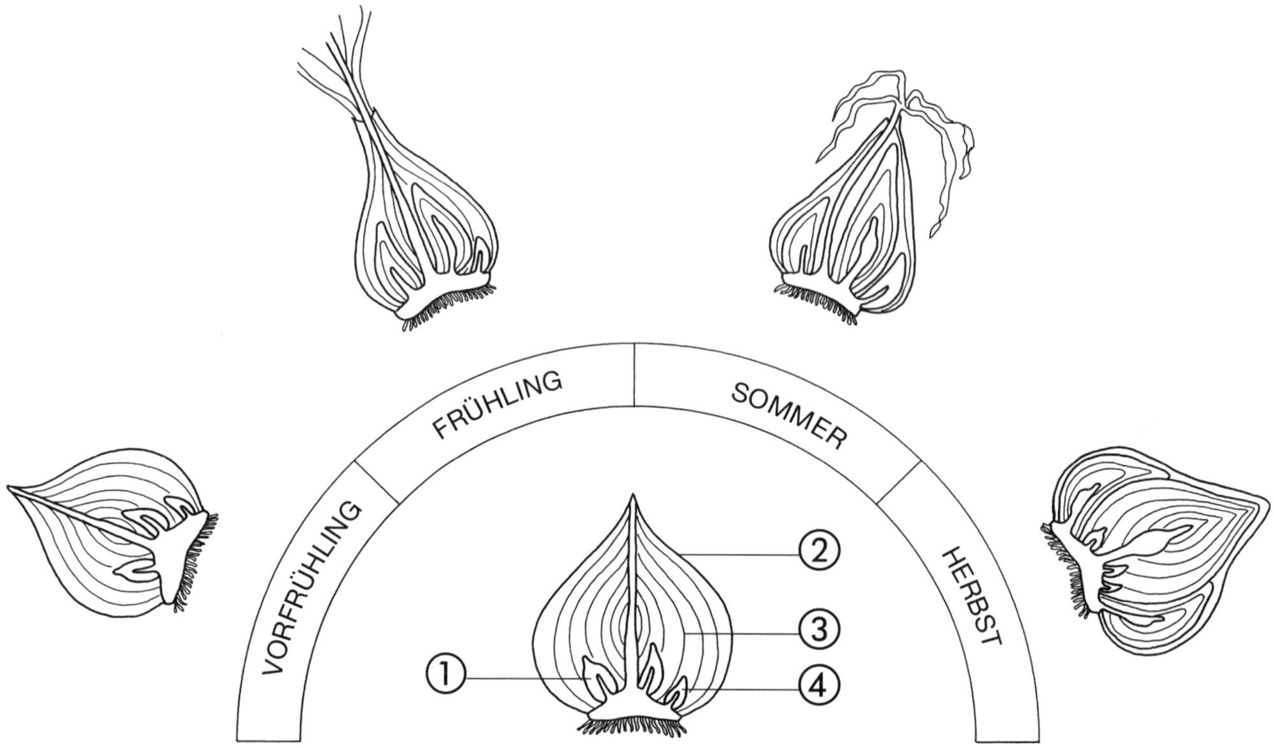

1. Beschrifte die abgebildete Tulpenzwiebel.

① ______________________ ② ______________________

③ ______________________ ④ ______________________

2. Male bei den Tulpenzwiebeln die Brutzwiebeln blau, die Ersatzzwiebel rot an. Beginne mit der Herbstzwiebel.

3. Beschreibe die Veränderungen der Tulpenzwiebel von Frühling bis Herbst.

____

____

____

____

____

____

____

Wie überwintern unsere Bäume?

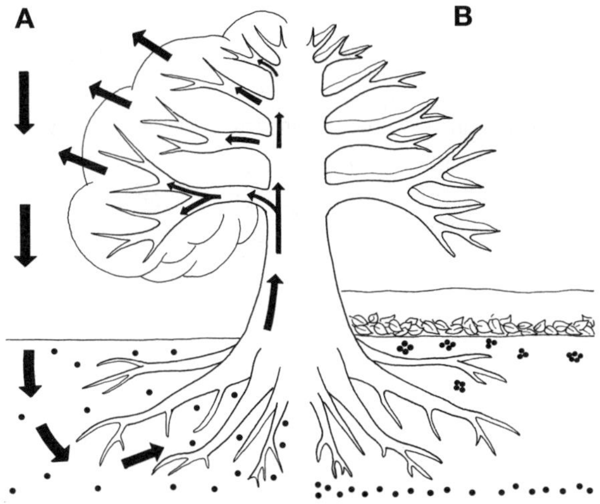

Wasseraufnahme und Verdunstung eines Laubbaumes im Sommer und im Winter

1. Beschreibe die Wasseraufnahme, Wasserleitung und Wasserverdunstung im Sommer (A) und im Winter (B).

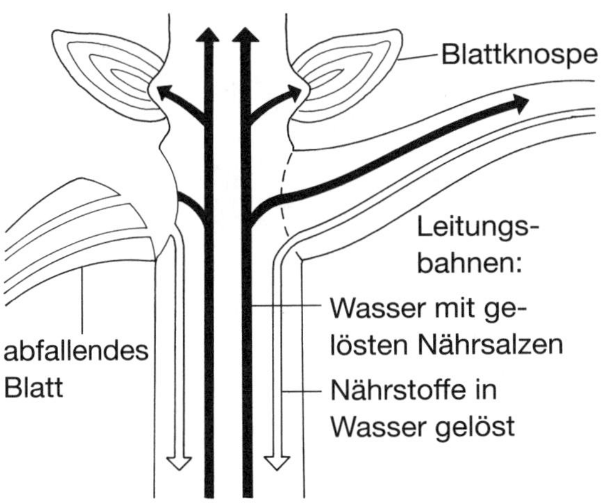

Längschnitt durch einen Kastanienzweig

2. Zeige anhand der Abbildung links die Angepasstheit der Kastanie an den Winter.

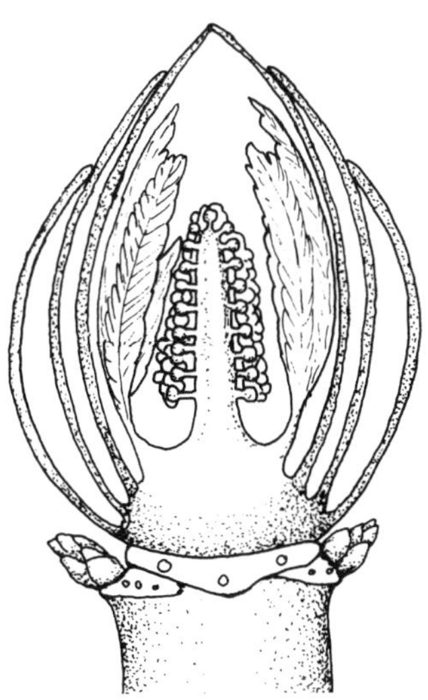

Kastanienknospe im Winter

3. Überprüfe anhand nebenstehender Abbildung folgende Aussage:
Laubbäume besitzen im Winter weder Blätter noch Blüten.

Winterknospen der Bäume (1)

Material: Zweig eines Baumes mit Winterknospen

Durchführung:
1. Die Stellung der Knospen am Zweig wird untersucht. Sind die Knospen wechselständig, so schaut man unter den beiden Aussagen D bzw. d nach. Bei gegenständigen Knospen prüft man die Aussage B bzw. b.
2. Nachdem man sich für eine der beiden Aussagen entschieden hat, setzt man die Bestimmung des winterlichen Zweiges fort. Ein Pfeil signalisiert, dass die Suche noch nicht beendet ist. Unter den angegebenen Buchstaben muss dann weiter bestimmt werden.

A	Knospen wechselständig	→ D/d
a	Knospen gegenständig	→ B/b
B	Unterste Knospenschuppe bis zur Knospenspitze reichend, Knospen schwarz, samtartig	ESCHE
b	Knospenschuppen wie Dachziegel angeordnet	→ C/c
C	Knospen braun, klebrig	ROSSKASTANIE
c	Knospen gelbbraun oder gelbgrün, nicht klebrig	AHORN
D	Knospen mit nur einer Knospenschuppe	WEIDE
d	Knospen mit mehreren Schuppen	→ E/e
E	Knospe sitzt auf einem kleinen Stiel	ERLE
e	Knospe sitzt direkt am Zweig	→ F/f
F	Knospe mit 2–3 Schuppen	LINDE
f	Knospe mit mehr als 3 Schuppen	→ G/g
G	Seitenknospen eng am Zweig anliegend	→ H/h
g	Seitenknospen vom Zweig abstehend	→ I/i
H	Knospen rotbraun, kahl und klebrig	PAPPEL
h	Knospen rotbraun, an der Spitze behaart und mit vielen Knospenschuppen	HAINBUCHE
I	Knospen 1–2 cm lang, schmal, spitz	ROTBUCHE
i	Knospen kürzer, dicker	→ K/k
K	Knospen an Ende der Zweige gehäuft vorhanden	EICHE
k	Knospen nicht gehäuft	→ L/l
L	Knospen rundlich	HASEL
l	Knospen spitz zulaufend	BIRKE

Aufgaben

a. Bestimme den winterlichen Zweig.

b. Schreibe neben jede Abbildung des Arbeitsblattes 35 einige typische Merkmale des Winterzweiges. Nutze dabei Bestimmungsbogen.

Pappel	Eiche	Rosskastanie

Hainbuche	**Linde**	**Erle**
		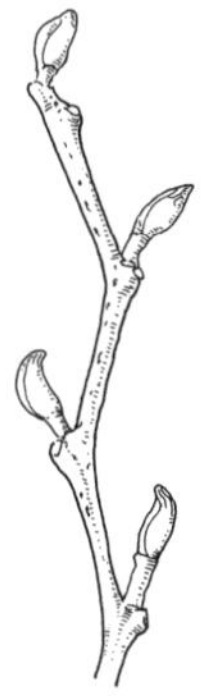
Esche	**Weide**	**Rotbuche**

Birke	**Hasel**	**Ahorn**
	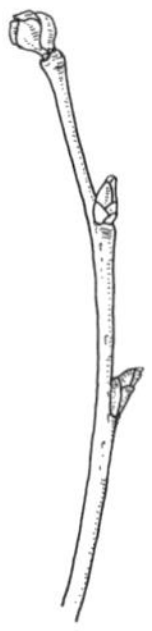	

Die Sonnenblume – ein Korbblütler (1)

Die Sonnenblume gehört zur Familie der Korbblütler. Diese besitzen einen Blütenstand, der aus vielen Einzelblüten zusammengesetzt ist. Man unterscheidet Zungenblüten und Röhrenblüten.

Zungenblüten:

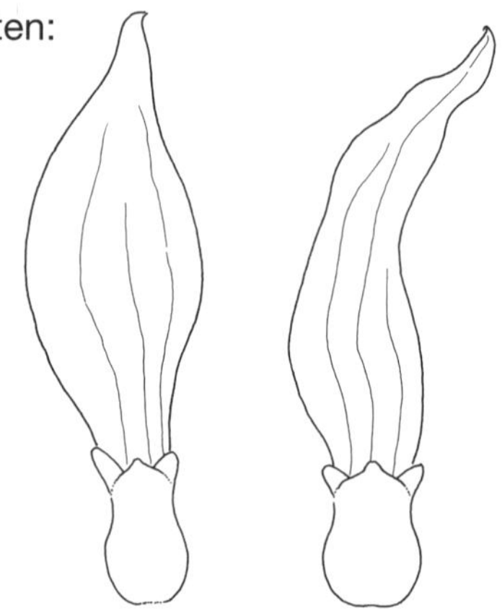

Entwicklung der Röhrenblüte:

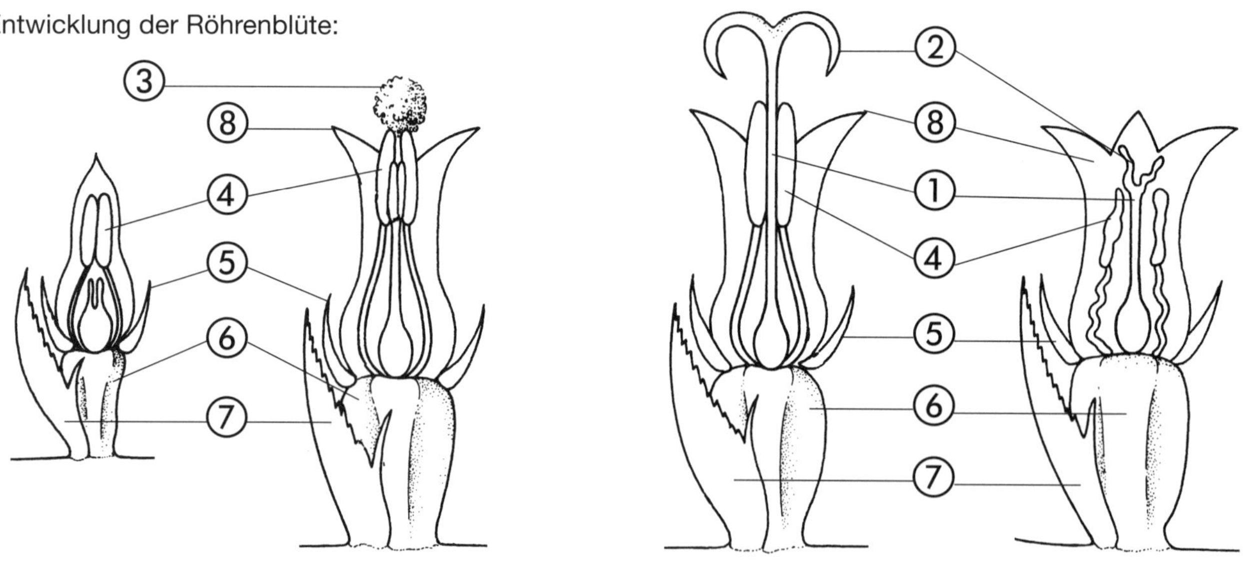

1. Trage die richtigen Ziffern hinter folgenden Begriffen ein:

Spreublatt (   ), Kronblatt (   ), Pollen (   ), Fruchtknoten (   ), Kelchblatt (   ), Staubblatt (   ), Griffel (   ), Narbe (   )

2. Beschreibe die Entwicklung der Röhrenblüten.

____

____

____

____

3. Notiere die Aufgaben der Zungenblüten.

____

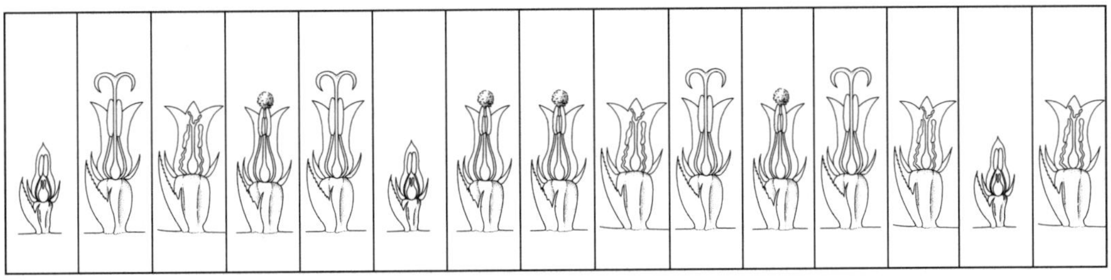

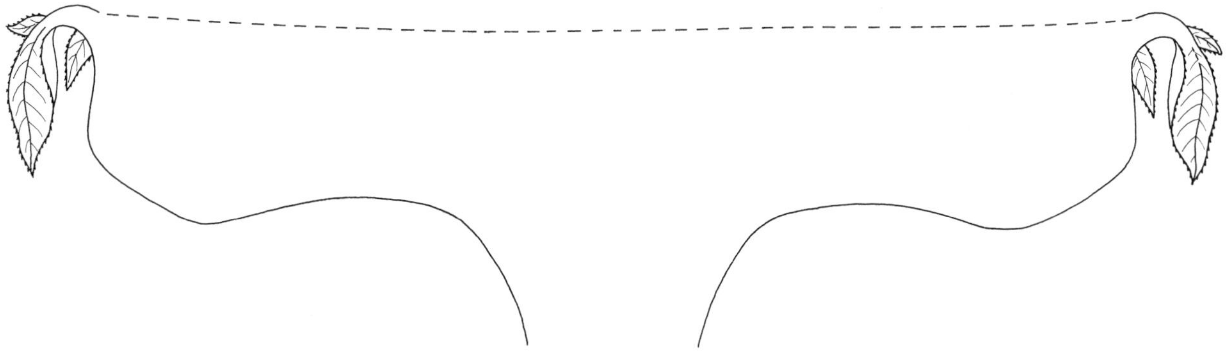

1. Aus den abgebildeten Teilen kannst du eine Sonnenblumenblüte zusammenbauen. Schneide zuerst den Blütenboden aus und klebe ihn in dein Heft. Schneide anschließend die Einzelblüten aus und platziere sie richtig auf dem Blütenboden. Wenn du deiner Sache sicher bist, klebe sie fest.

Die Erbse – ein Schmetterlingsblütler

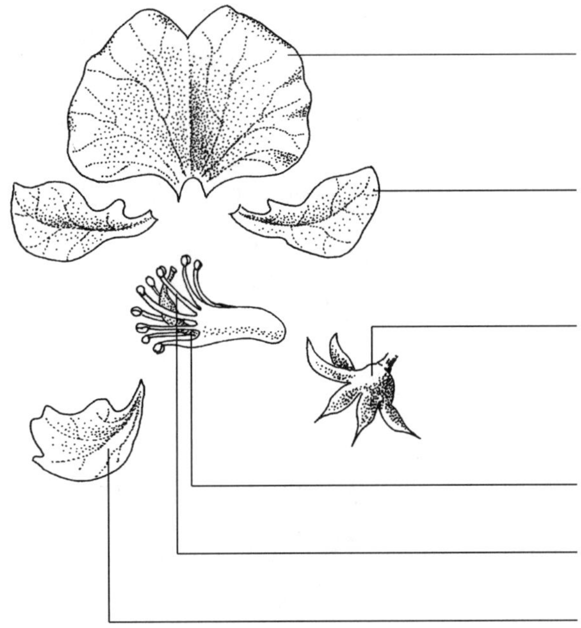

(zwei verwachsene Kronblätter)

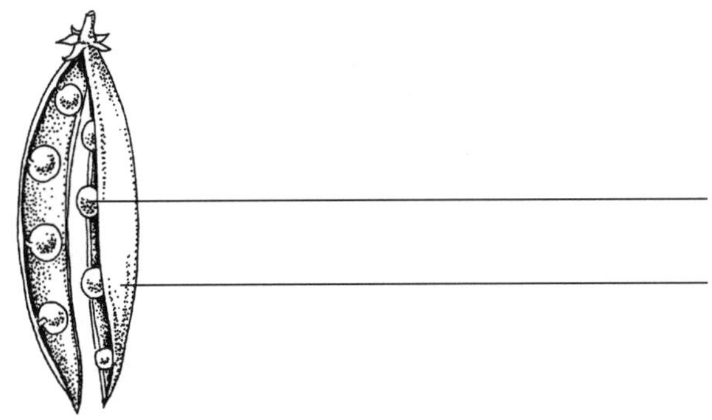

1. Beschrifte die Abbildungen.

2. Vervollständige den Steckbrief zur Familie der Schmetterlingsblütler.

Blüte: Die Blüten haben ______ Kronblätter, die an Schmetterlingsflügel erinnern. Die beiden seitlichen Kronblätter nennt man deshalb ______________________________, das obere Kronblatt ______________________________. Das Schiffchen umschließt den ______________________________ und die anderen Kronblätter. Der Kelch ist ______ blättrig.

Früchte: ______________________________

Beispiele: Erbse, ______________________________

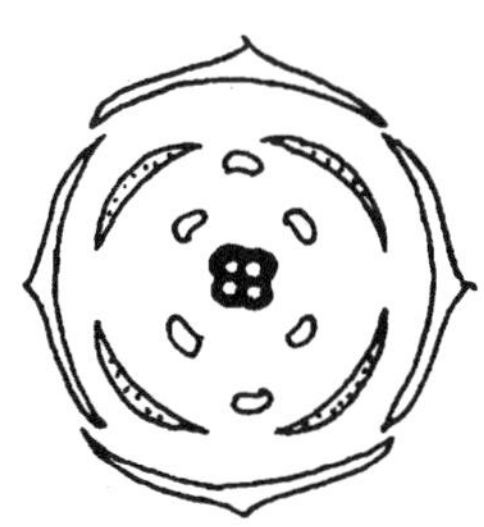

Blütengrundriss

Blüte:

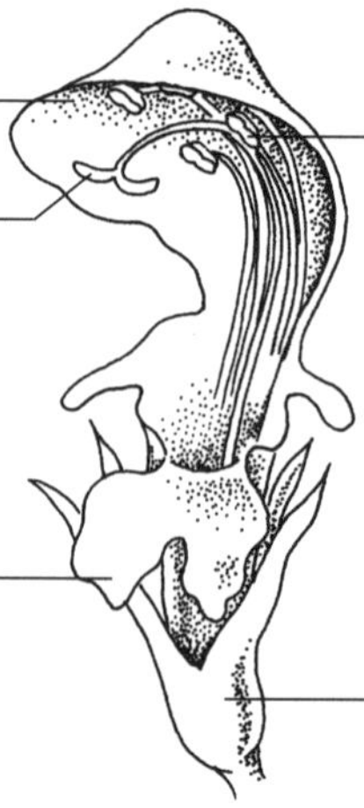

Blattstellung:

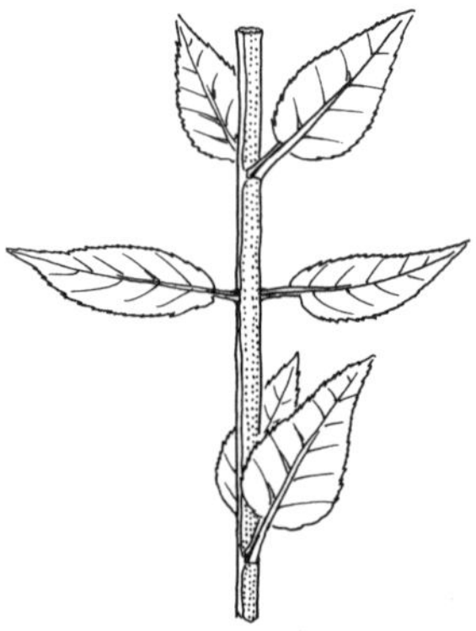

Stängelquerschnitt:

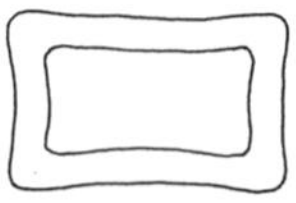

1. Beschrifte die Blütenabbildung.

2. Vervollständige den Steckbrief zur Familie der Lippenblütler.

Blüte: Die fünf Kronblätter sind im unteren Abschnitt zusammengewachsen. Man nennt solche Blüten ____________________ ____________________. An ihrer Öffnung bilden die Kronblätter eine Art Mund mit einer ______________________ und einer ______________________. Die Blüte hat _____ kürzere und _____ längere Staubblätter. Der Fruchtknoten trägt einen Griffel mit zweizipfeliger Narbe.

Blattstellung: ______________________________

Stängel: ______________________________

Beispiele: Weiße Taubnessel, ______________________________

Blütengrundriss

Merkmale von Pflanzenfamilien (1)

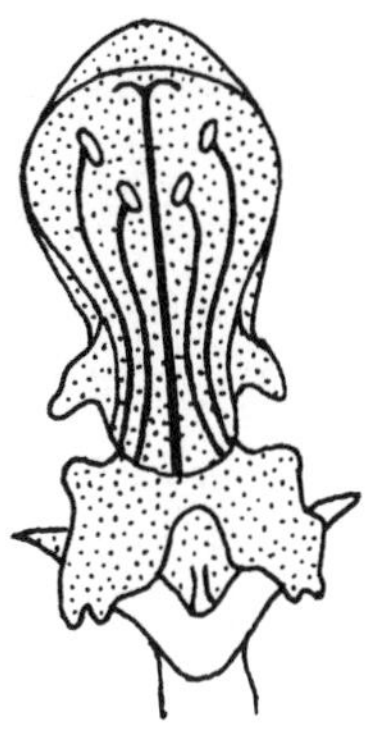

Kirsche, Pflaume, Apfel, Birne, Pfirsich, Erdbeere, Himbeere, Brombeere, Heckenrose, Rosen

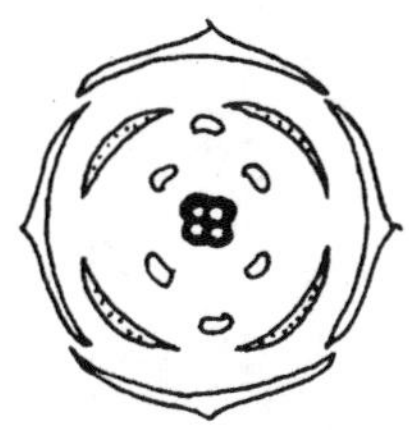

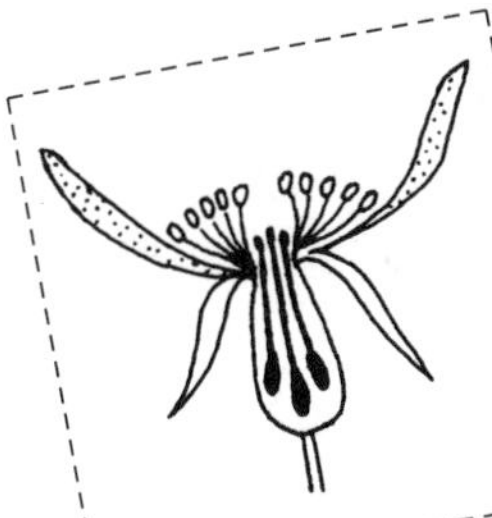

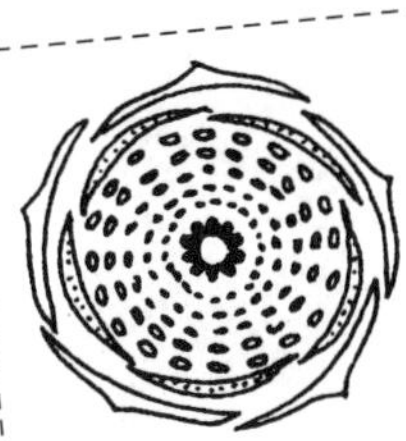

Kohlsorten, Hederich, Ackersenf, Wiesenschaumkraut

Taubnesseln, Gundermann, Kriechender Günsel, Salbei

Erbse, Bohne, Lupine, Wicke, Klee, Ginster, Goldregen

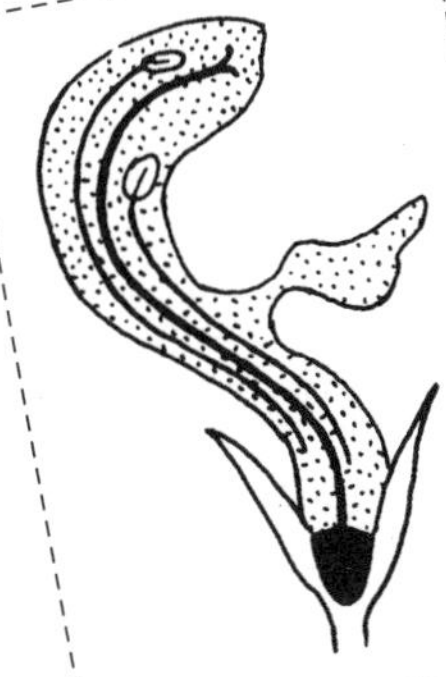

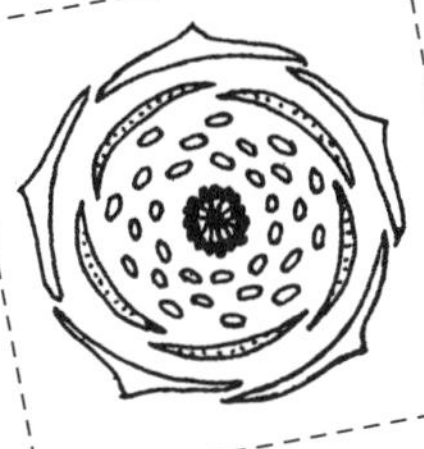

Hahnenfußarten, Scharbockskraut, Buschwindröschen, Gelbes Windröschen, Leberblümchen, Trollblume, Rittersporn, Akelei, Eisenhut, Christrose, Pfingstrose

1. Schneide die Abbildungen und Textbausteine aus und klebe sie an passender Stelle in das Arbeitsblatt 43.

2. Kennzeichne in dem Blütendiagramm die Kelchblätter grün, die Kronblätter rot, die Staubblätter gelb und die Fruchtblätter blau.

Merkmale von Pflanzenfamilien (2)

Familie	**Blüten**	**Blüten-längsschnitt**	**Blüten-diagramm**	**Beispiele:**
Kreuzblütler				
Lippenblütler				
Rosen-gewächse				
Schmetter-lingsblütler				
Hahnenfuß-gewächse				

Ein Pflanzenrätsel

1

H Ö N H N B W D E S C S R C I U

2

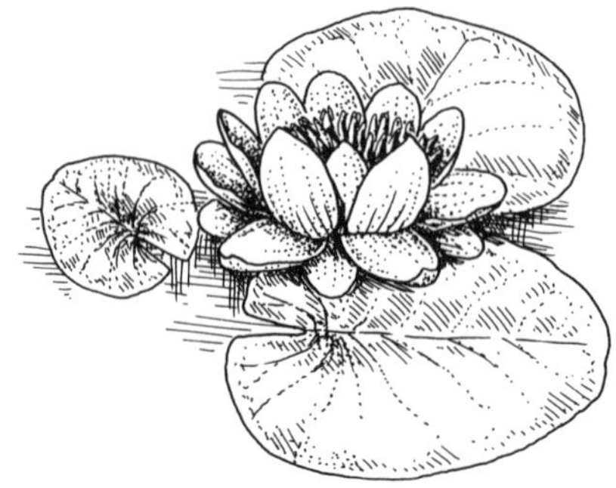

E R E E S S O

3

U T C S E I U W A A N M K E R H S

4

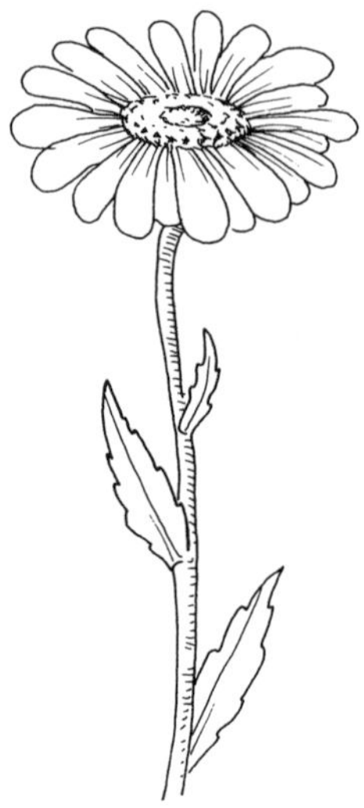

G R I R E E T A M

5

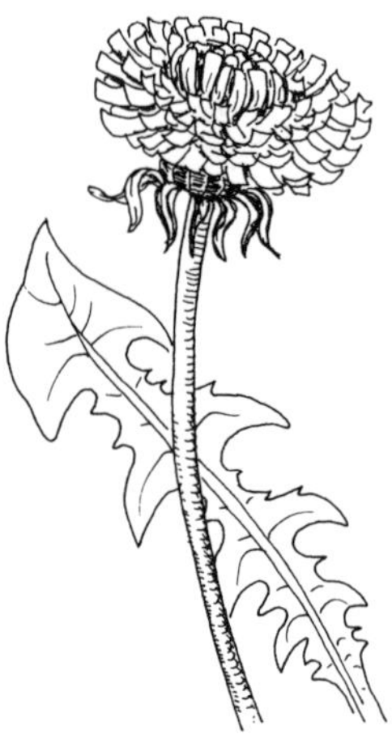

E A H Ö L N N Z W

6

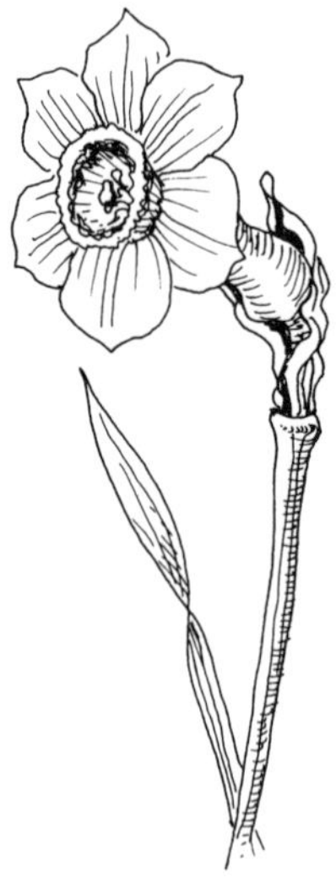

R S S E A I Z N

7

O E N S R H K C E E

1. Ermittle den Namen der abgebildeten Pflanzen. Benutze dazu die vorgegebenen Buchstaben und trage den richtigen Namen in die Felder ein.

2. Übertrage die Buchstaben, die mit Ziffern versehen sind, in den folgenden Kasten. So erhältst du das Lösungswort:

Beispiel

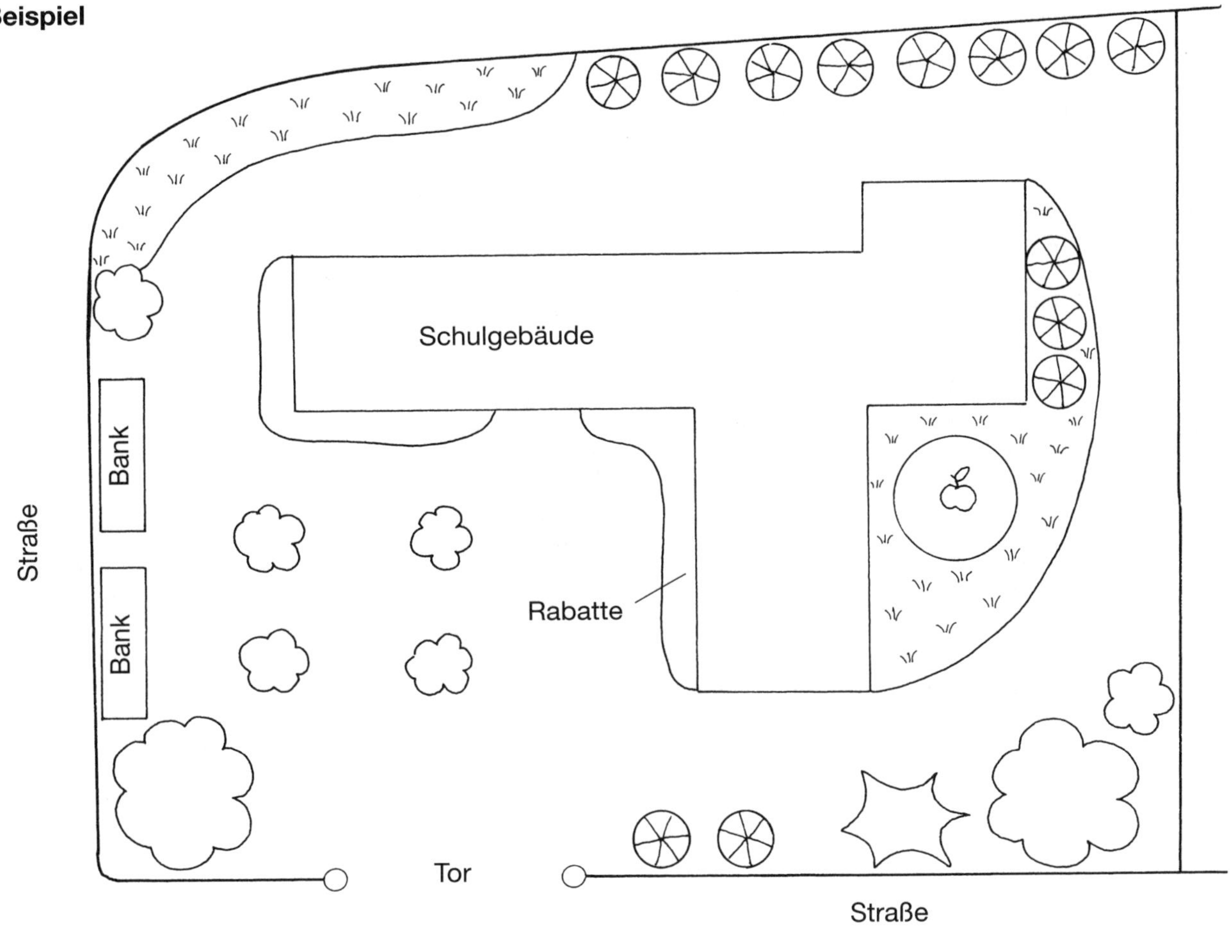

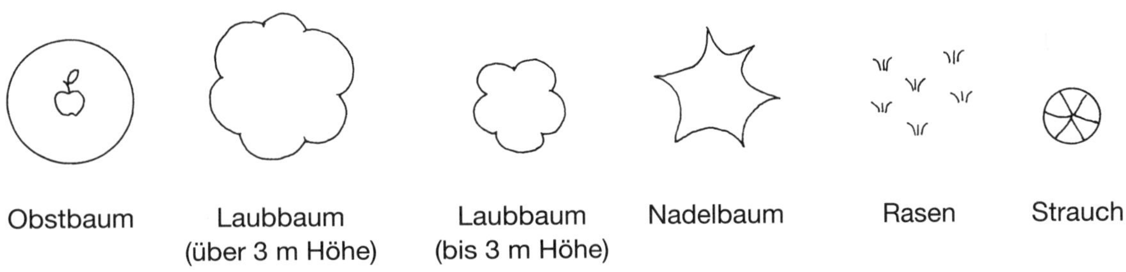

1. Fertige eine Skizze eures Schulgeländes an.

2. Entwickle eine Legende, mit der du die Pflanzen des Schulgeländes erfassen kannst. Einige Anregungen erhältst du in dem Beispiel oben.

3. Führe eine Bestandsaufnahme der Pflanzen durch und trage diese in den Lageplan des Schulgebäudes ein. Hier genügt eine grobe Einordnung der Pflanzen in Strauch, Staude, usw.

4. Entwickle Vorschläge für sinnvolle Veränderungen des Schulhofgeländes (Anlegen einer Hecke, eines Teiches etc.).

Wir untersuchen einen Baum

Material: gerader Stock, ca. 1 Meter lang, Bandmaß, Thermometer, Kompass, Zeichenmaterial

Durchführung:

1. *Lageskizze:* Fertige eine Skizze an, aus der die Lage des Baumes hervorgeht (z. B. Nähe zu anderen Bäumen, Gebäude in der Umgebung usw.).

2. *Skizze des Baumes.* Zeichne eine Umrissskizze des Baumes, seiner Blätter, Blüten und Früchte. Notiere dazu den Namen des Baumes.

3. *Ausmaße des Baumes.* Ermittle den Umfang, den Stammdurchmesser (Umfang geteilt durch 3,14) und die Höhe des Baumes.
Bestimme die Baumhöhe wie folgt:
Miss von der Stockspitze 80 cm ab und markiere diese Stelle mit dem Stift (Markierung 1). 4 cm von diesem Punkt Richtung Stockspitze markierst du einen weiteren Punkt (2).
Strecke den Arm aus und halte den Stock senkrecht. Such dir ein Stück vom Baum entfernt einen Standpunkt, von dem du genau über die Stockspitze die Baumspitze siehst und von der Markierung 1 aus den Fuß des Baumes. Schaue nun an der Markierung 2 vorbei auf den Baumstamm. Lass den Helfer seinen Daumen genau auf die Stelle am Baum legen, auf die du schaust. Miss nun die Entfernung zwischen dieser Stelle und dem Fuß des Baumes. Dieses Ergebnis wird mit 20 multipliziert.

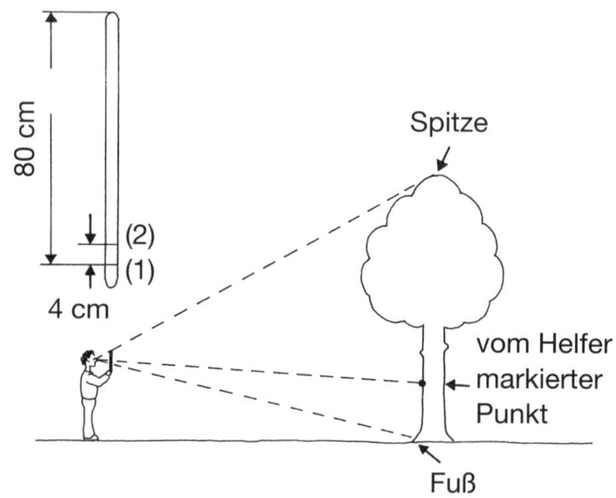

4. *Standortbedingungen:* Ermittle mit einem Kompass die Nord-, Süd-, Ost- und Westseite des Baumes. Miss die Schattenfläche des Baumes zur Mittagszeit und bestimme die Temperatur in der Sonne und im Schatten des Baumes.

Aufgabe:
Fertige ein Protokoll nach folgendem Muster an:

Baumart: ____________________

Umfang: ____________ (m)

Stammdurchmesser: _________ (m)

Höhe: _____________ (m)

Schattenfläche: ____________ (m^2)

Temp. i. d. Sonne _________ °C

Temp. im Schatten _________ °C

Pflanzen und Tiere im Lebensraum Pflasterritze

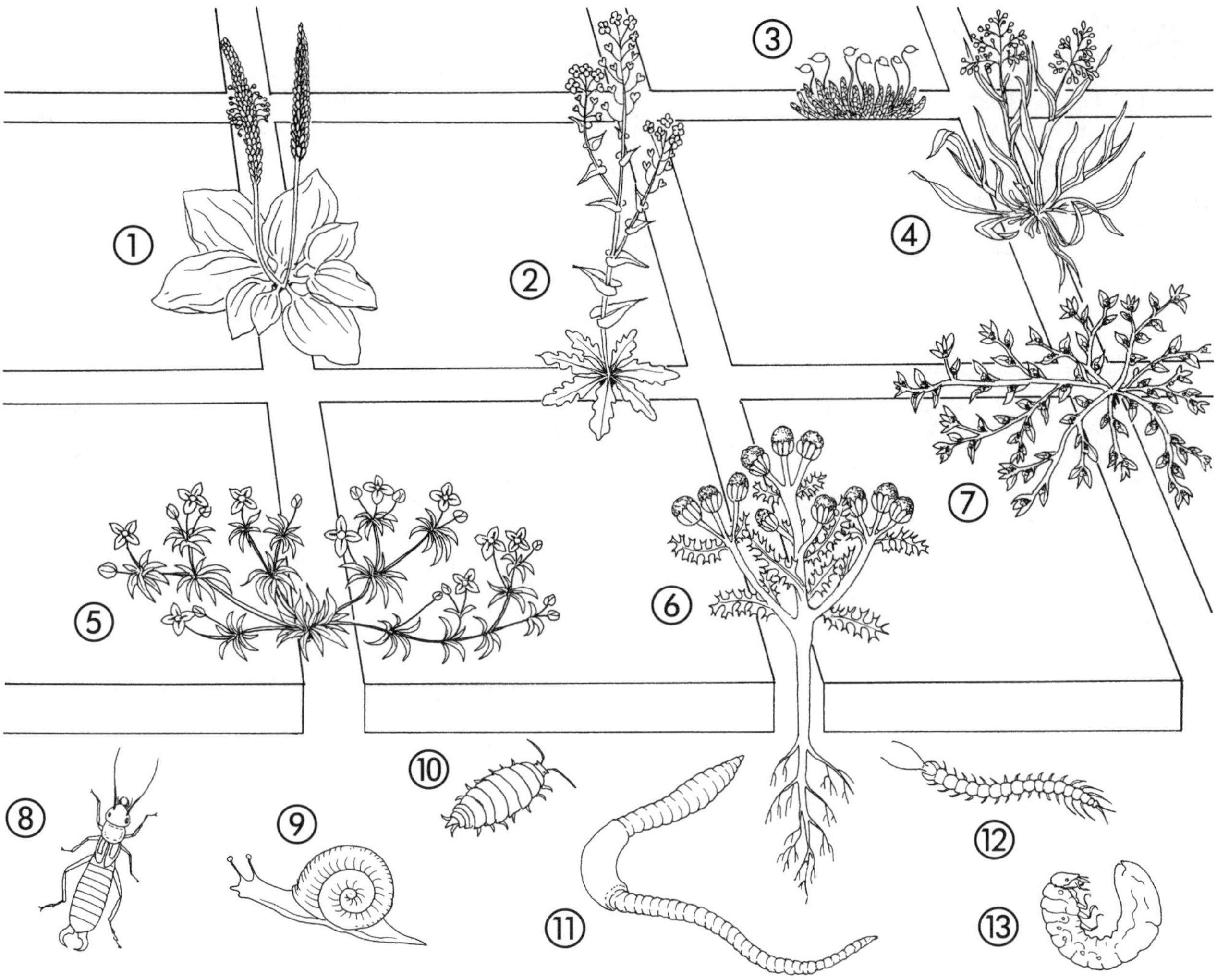

1. Trage die passenden Ziffern hinter den folgenden Begriffen ein:

Breitwegerich (   ); Hirtentäschelkraut (   ); Silberbirnmoos (   ); Einjähriges Rispengras (   ); Liegendes Mastkraut (   ); Strahlenlose Kamille (   ); Vogelknöterich (   ); Ohrwurm (   ); Schnecke (   ); Assel (   ); Regenwurm (   ); Erdläufer (   ); Käferlarve (   );

2. Beschreibe die Lebensbedingungen (Boden/Feuchtigkeit/Wärme) des Lebensraumes Pflasterritze.

3. Nenne verschiedene Anpassungserscheinungen des Pflanzenbaus an den Lebensraum Pflasterritze.

Einjähriges <u>Rispengras</u>

Deutsches <u>Weidelgras</u>

<u>Breitwegerich</u>

<u>Weißklee</u>

<u>Wegrauke</u>

<u>Schuttkresse</u>

Rote <u>Schuppenmiere</u>

<u>Ackerkratzdistel</u>

<u>Hirtentäschelkraut</u>

Liegendes <u>Mastkraut</u>

Lösungswort: __ __ __ __ __ __ __ __ __ __ __ __ __ __

1 2 3 4 5 6 7 8 9 01 11 12 13 14

<u>Huflattich</u>

Gemeiner <u>Löwenzahn</u>

Strahlenlose <u>Kamille</u>

<u>Vogelknöterich</u>

<u>Silberbirnmoos</u>

1. Trage die unterstrichenen Teile der Pflanzennamen an den passenden Stellen des Gitterrätsels ein. Die Buchstaben 1–14 geben den Lebensraum dieser Pflanzen an.

Material: Spielplan (auf DIN A3 vergrößern), Spielfiguren, Bildkarten, Bildscheiben, Wissenskarten, Würfel

Durchführung:

1. Bildkarten (siehe Arbeitsblätter S. 51–56) ausschneiden.
2. Bildscheiben (siehe unten) ausschneiden und die aufgedruckten Ziffern/Buchstaben auf die Rückseite schreiben.
3. Die Bildkarten werden gemischt und mit dem Bild nach oben in das Bildkartenfeld des Spielplans gelegt. Die Bildscheiben werden entsprechend den Ziffern auf dem Spielplan verteilt. Die Abbildung der jeweiligen Bildscheiben wird umgedreht, sodass sie nicht zu sehen ist.

Spielregeln:

- Der Spieler, der zuerst eine 6 würfelt, fängt an. Danach geht es im Uhrzeigersinn weiter.
- Spieler 1 würfelt und setzt eine Spielfigur entsprechend der Würfelpunkte weiter. Abzweigen ist erlaubt. Kommt er an eine Bildscheibe, so schaut er heimlich darunter und versucht sich das Bild zu merken. Anschließend legt er die Bildscheibe zurück, ohne dass er verrät, was er gesehen hat.
- Es kommt darauf an, möglichst viele Bildpunkte aufzuheben, sich möglichst viele Bilder zu merken und schnell zum Bildkartenbehälter zu kommen. Dort darf man die oberste Bildkarte nehmen. Wenn man weiß, wo sich der zugehörige Bildpunkt befindet, muss man den Bildpunkt aufheben und zum Beweis das Bild zeigen. Hat man Recht, darf man die Bildkarte behalten. Kann man auch den Namen sagen, erhält man zusätzlich eine Wissenskarte. Der Bildpunkt wird an seinen Platz zurückgelegt. Der Spieler darf von diesem Punkt aus weiter spielen. Hatte der Spieler sich geirrt, wird die Karte zuunterst gelegt, und der Spieler muss von vorne anfangen.
- Bildkarten und Wissenskarten zählen je einen Punkt. Wer am Schluss die meisten Punkte hat, hat gewonnen.

1

2

3

4

5

6

7

8

9

10

11

12

13

14

15

16

17

18

19

20

21

A

B

C

D

E

F

G

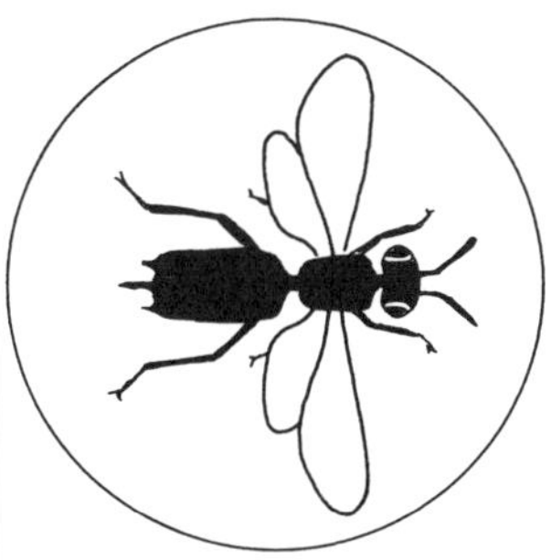

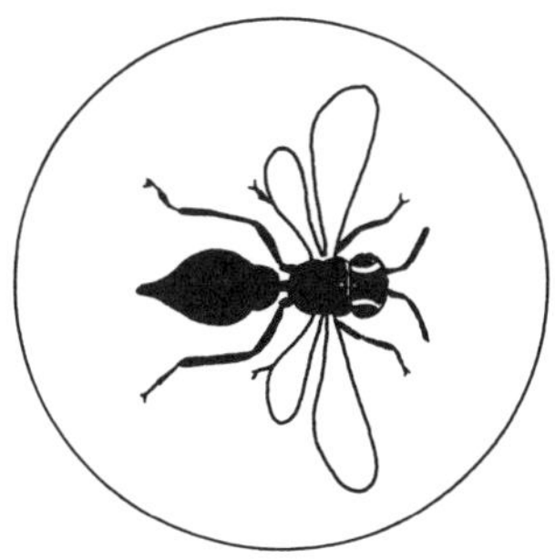

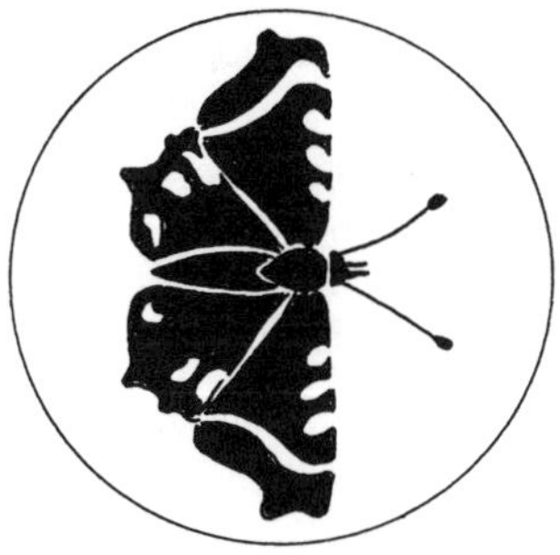

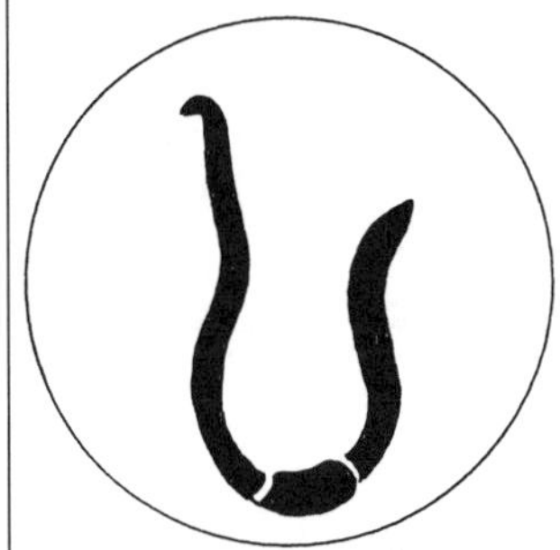

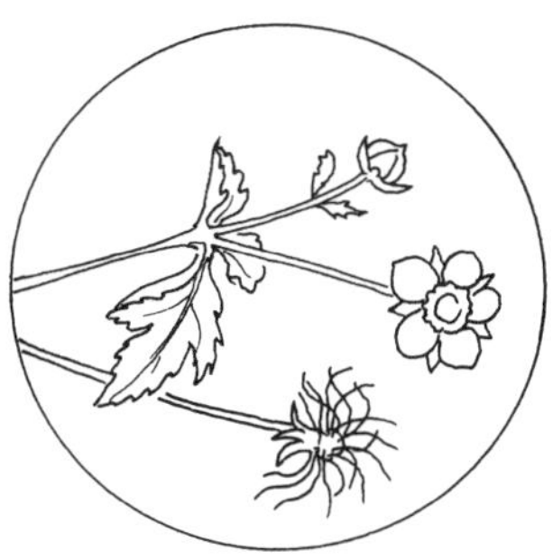

Die abenteuerliche Reise durch die Hecke (4 a)
Bild- und Wissenkarten

Wissenskarte

Wissenskarte

Wissenskarte

Wissenskarte

Wissenskarte

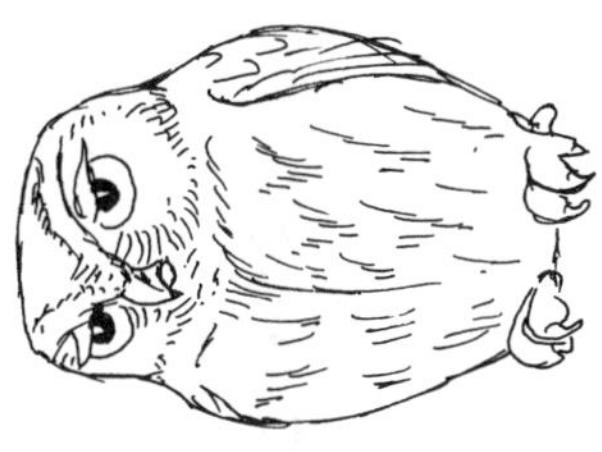

Wissenskarte

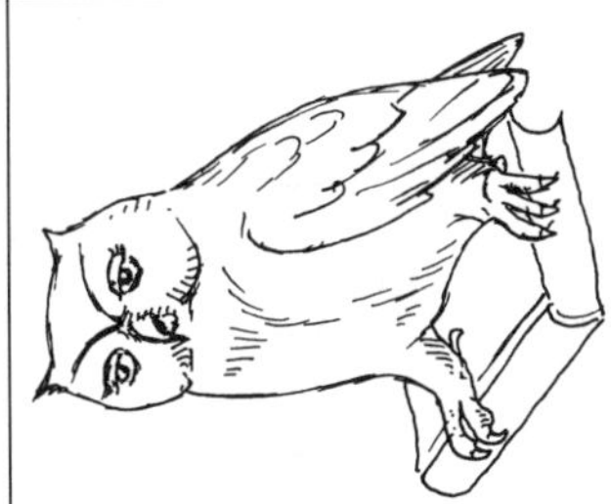

Wissenskarte

Wissenskarte

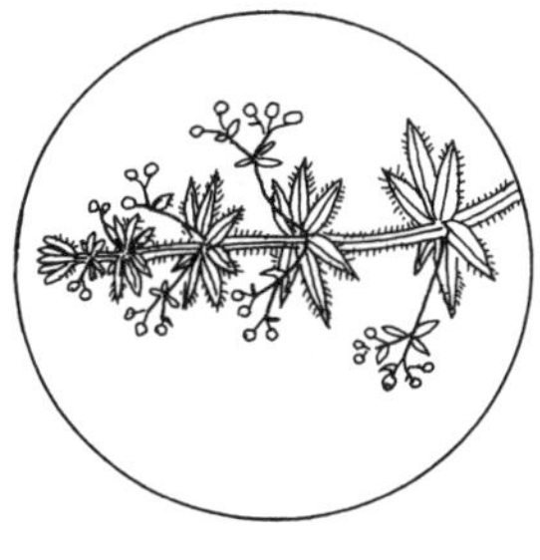

Die abenteuerliche Reise durch die Hecke (4 b)
Bild- und Wissenkarte

Wissenskarte

Wissenskarte

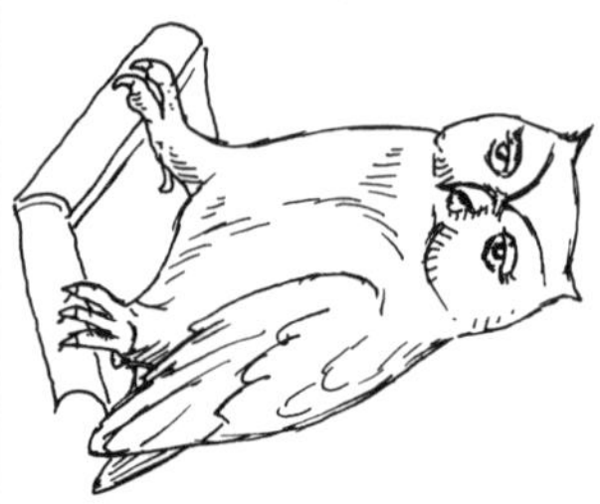

Wissenskarte

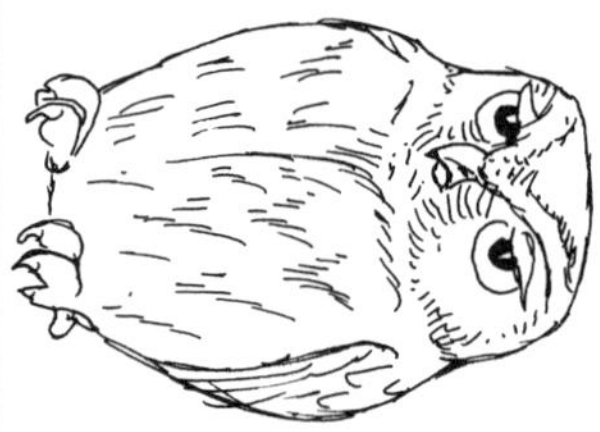

Wissenskarte

Wissenskarte

Wissenskarte

Wissenskarte

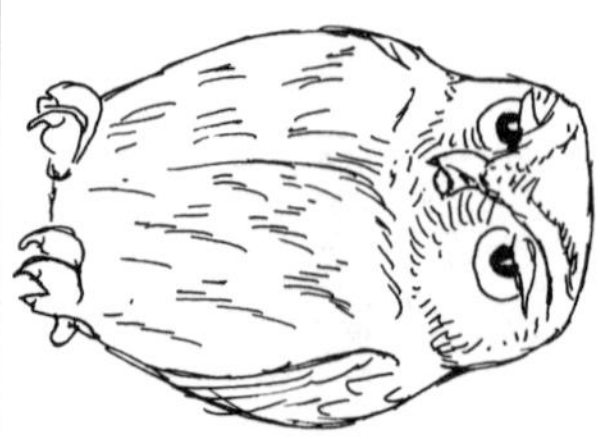

Wissenskarte

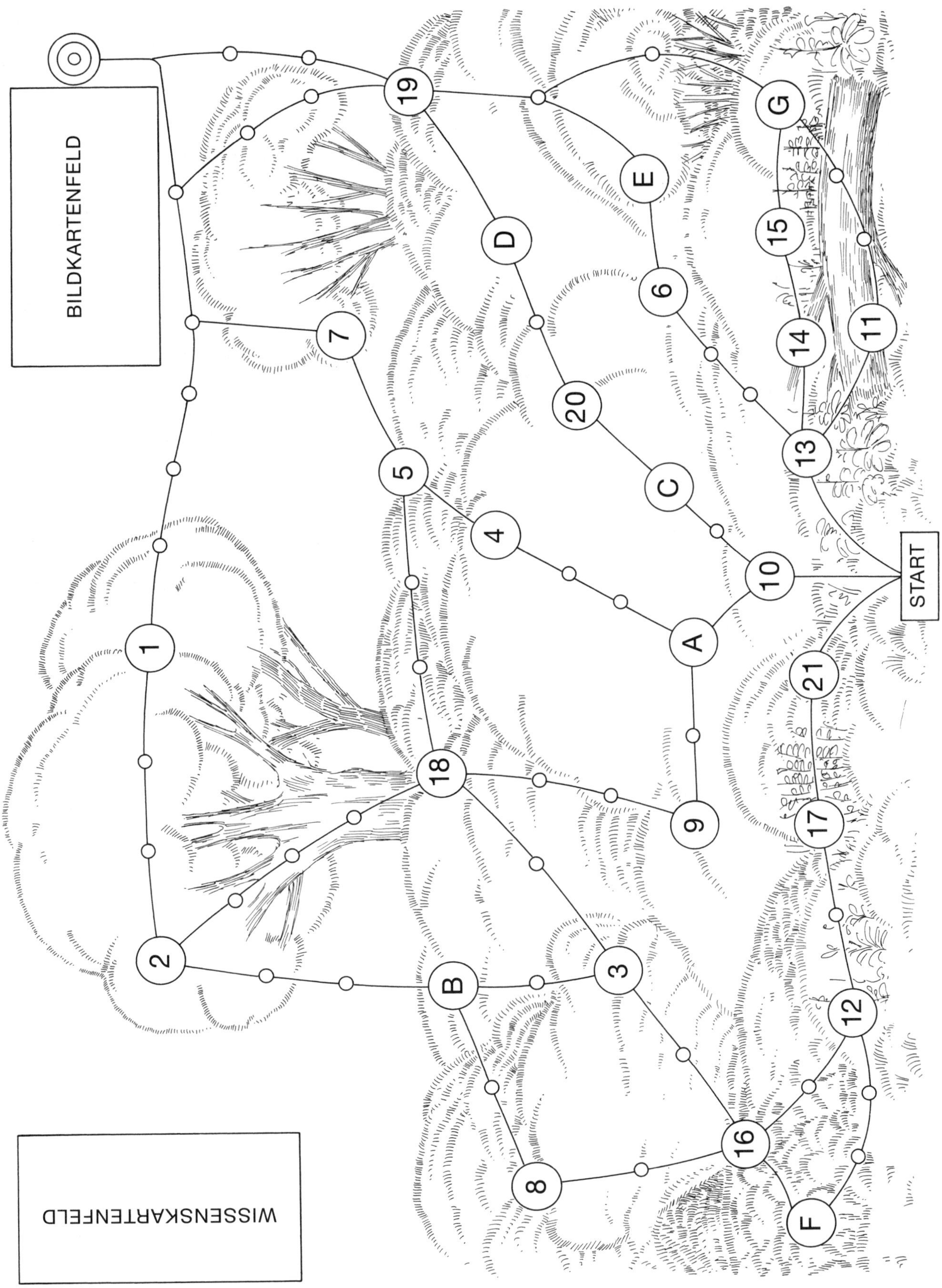
BILDKARTENFELD
START
WISSENSKARTENFELD

Material: Thermometer, Belichtungsmesser, verdünnte Salzsäure, Bechergläser, Zeichenmaterial

Durchführung:

1. Gib eine kleine Gesteinsprobe der Trockenmauer in das Becherglas und füge wenige Tropfen der verdünnten Salzsäure hinzu.
2. Notiere deine Versuchsbeobachtungen in der Tabelle.
3. Wiederhole den Versuch mit einer kleinen Bodenprobe und notiere deine Beobachtungen.

Beobachtung	**Kalkgehalt (Gramm Kalk in 100 g Material)**	**Beurteilung**	**Gestein**	**Boden**
Keinerlei Aufbrausen	unter 0,6	kalkfrei bis kalkarm		
schwaches, nicht anhaltendes Brausen	0,5 – 2	geringer Kalkgehalt		
deutliches, nicht anhaltendes Brausen	3 – 4	mäßiger Kalkgehalt		
starkes, anhaltendes Brausen	über 5	hoher Kalkgehalt		

4. Ermittle die Lufttemperatur im Abstand von 1 m, 2 m, 3 m, 4 m und 5 m von der Sonnenseite der Trockenmauer. Bestimme in gleicher Weise auch die Temperatur der Schattenseite und trage die Werte in das Diagramm ein.
5. Ermittle in gleicher Weise auch die Lichtstärke von Sonnen- und Schattenseite. Trage die Messergebnisse in das Diagramm ein.

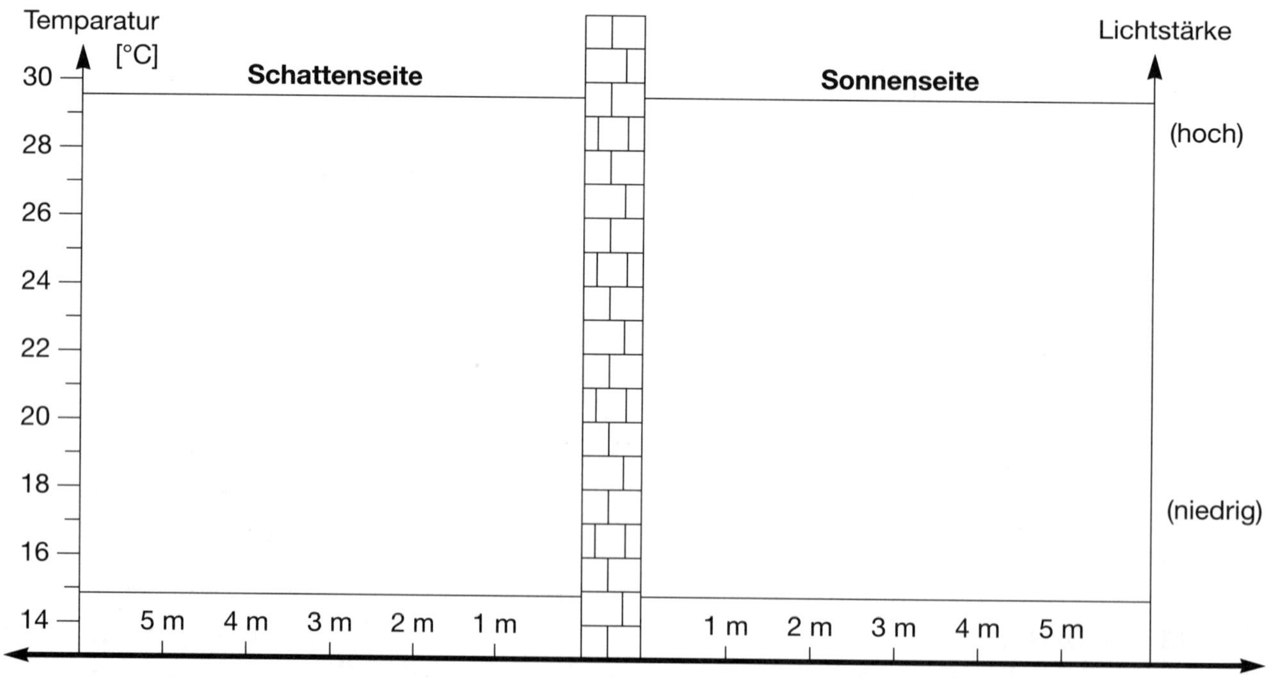

x = Temperatur
• = Lichtstärke

Datum: ____________ Uhrzeit: ____________

Trockenmauer (Wortsalat)

In diesem Wortsalat sind die Namen der vierzehn an der Mauer abgebildeten Pflanzen versteckt. Manche sind auch von links nach rechts, von unten nach oben oder diagonal geschrieben. Kreise die vierzehn Namen ein.

Ihr könnt auch in kleinen Gruppen suchen und in einem Wettbewerb die Gruppe ermitteln, die die vierzehn Namen am schnellsten findet.

M	S	P	I	T	Z	W	E	G	E	R	I	C	H	M
K	T	G	I	E	E	L	O	K	R	E	T	N	L	A
L	U	S	O	F	R	W	I	T	S	I	S	A	O	U
U	A	R	I	S	P	E	N	G	R	A	S	D	E	E
W	R	T	L	O	T	N	I	B	H	C	C	I	W	R
R	K	A	M	I	L	L	E	G	H	G	A	L	E	P
K	L	A	T	S	C	H	M	O	H	N	E	I	N	F
A	E	T	U	A	R	R	E	U	A	M	W	S	Z	E
B	B	L	I	N	I	L	N	F	N	A	I	E	A	F
K	M	R	A	N	L	N	G	I	E	R	S	C	H	F
L	I	E	N	K	I	E	H	A	N	U	E	L	N	E
Z	Z	B	R	E	N	N	N	E	S	S	E	L	O	R
C	H	A	U	S	W	U	R	Z	T	H	K	A	H	N
R	U	O	L	F	G	U	A	V	S	L	E	L	I	S
T	M	A	U	S	E	G	E	R	S	T	E	E	B	A

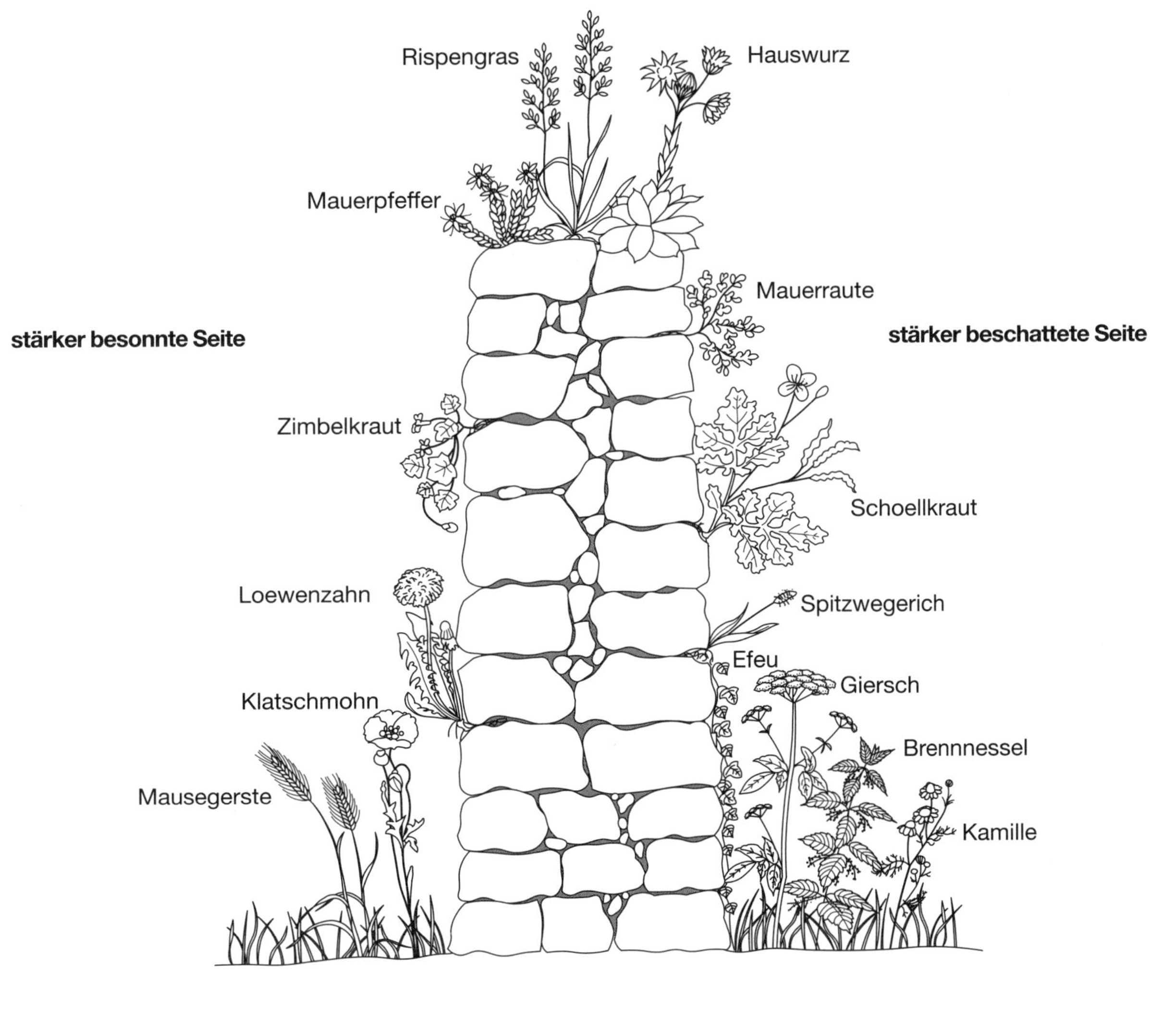

Bepflanzung einer Kräuterspirale

① Brunnenkresse; feuchter Standort	⑤ Bohnenkraut; leichter, humoser Boden	⑨ Thymian; trockene, sonnige Standorte
② Wasserminze; im Wasser	⑥ Salbei; liebt sonnige, trockene Standorte, durchlässiger, humoser Boden	⑩ Rosmarin; warmer, sonniger Standort, durchlässiger, humoser Boden
③ Pimpinelle; schattiger, feuchter Standort	⑦ Petersilie; verträgt Halbschatten, humoser, nährstoffreicher Boden	⑪ Lavendel; volle Sonne, nährstoffarmer, trockener Boden
④ Majoran; sonniger, warmer Standort, leichter, durchlässiger Boden	⑧ Schnittlauch; sonniger Standort, kalkhaltiger Boden	⑫ Melisse; halbschattiger Standort

1. Schreibe die Ziffern aus den Karten an eine passende Stelle in der Kräuterspirale. Beachte dabei die unterschiedlichen Standortansprüche.

Teichpflanzen-Memory (1)

1. Schneide die Abbildungen aus und lege sie mit der Bildseite nach unten auf einen Tisch.

2. Mische die Karten gut durch und ordne sie anschließend.

3. Spieler 1 deckt eine Karte auf, zeigt sie und legt sie verdeckt wieder hin. Sodann nimmt er eine zweite Karte auf und zeigt sie. Wenn das gleiche Bild bzw. der Name zu dem Bild auf der ersten Karte gefunden wurde, darf er beide Karten behalten. Ist das zweite Bild vom ersten verschieden bzw. passt der Name nicht zum Bild, wird die Karte wieder verdeckt hingelegt und der nächste Spieler ist an der Reihe. Die Mitspieler versuchen, sich die Karten und ihre Plätze zu merken. Gewonnen hat, wer die meisten Kartenpaare vorweisen kann.

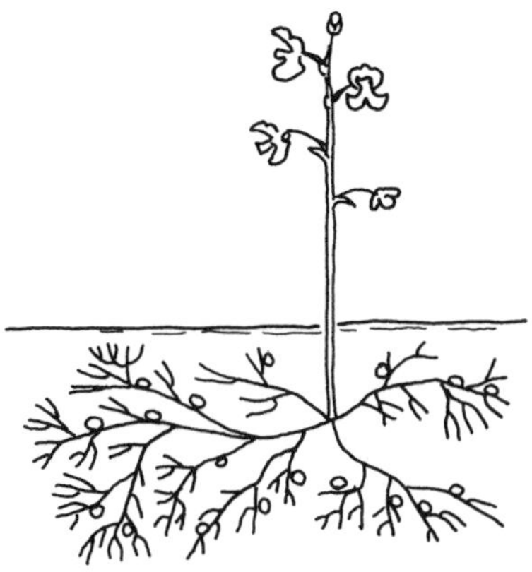 Gemeiner Wasserschlauch	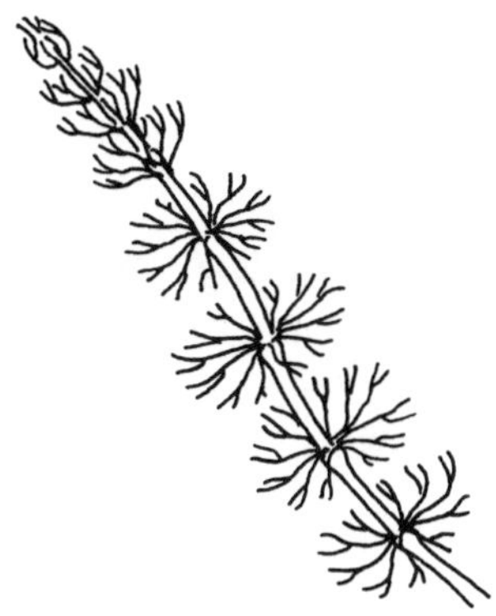 Gemeines Hornblatt	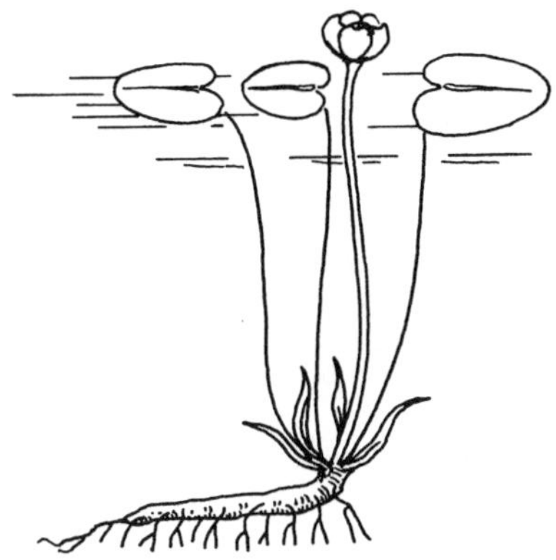 Gelbe Teichrose
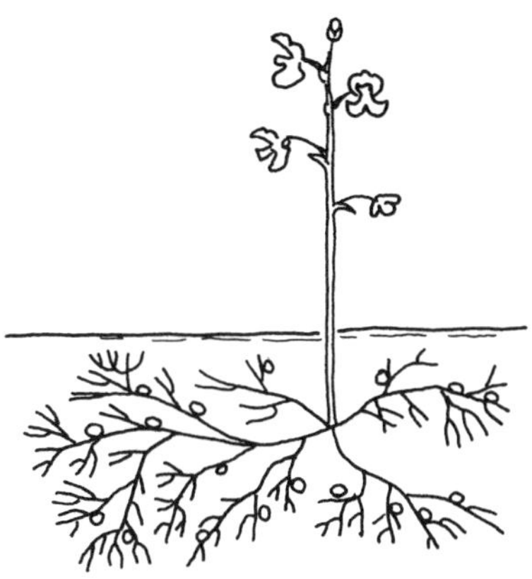 Gemeiner Wasserschlauch	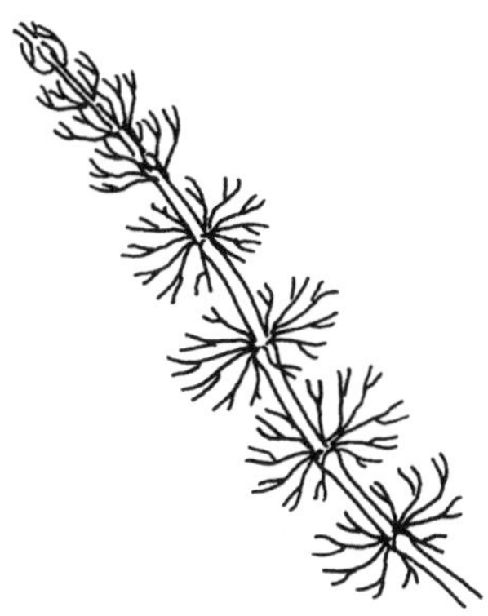 Gemeines Hornblatt	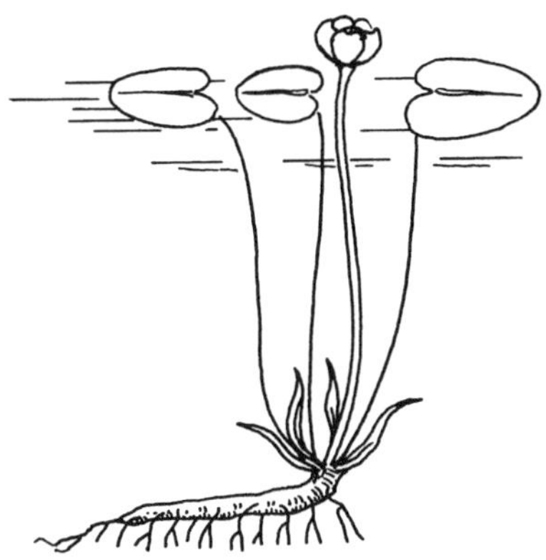 Gelbe Teichrose

Teichpflanzen-Memory (2)

Breitblättriger Rohrkolben

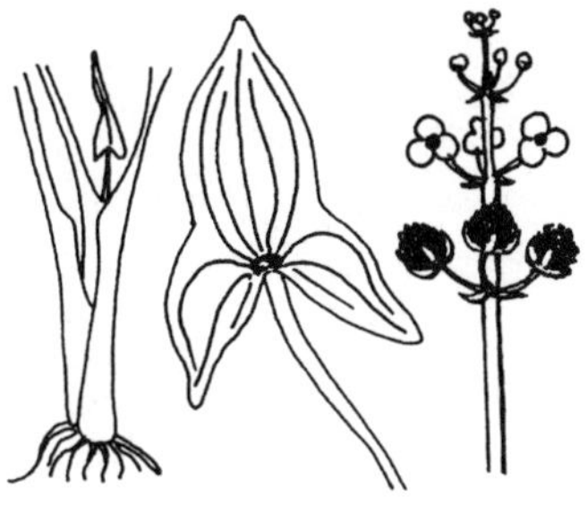
Pfeilkraut

Schilfrohr

Breitblättriger Rohrkolben

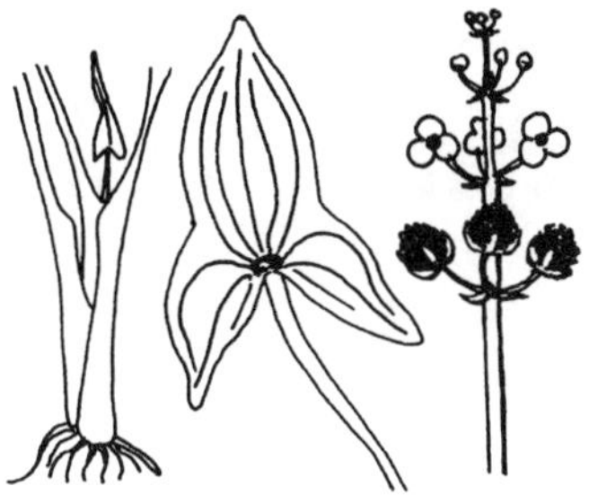
Pfeilkraut

Schilfrohr

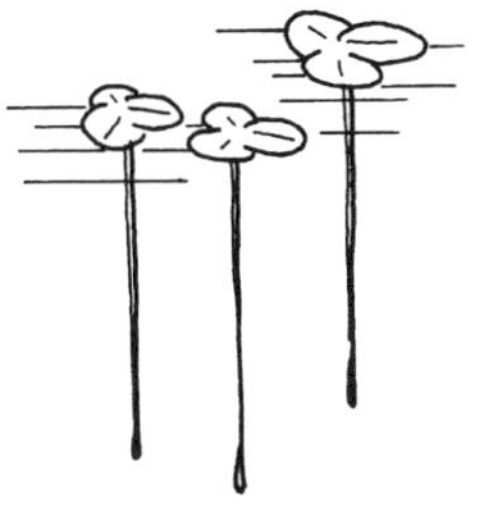
Kleine Wasserlinse

Wolfstrapp

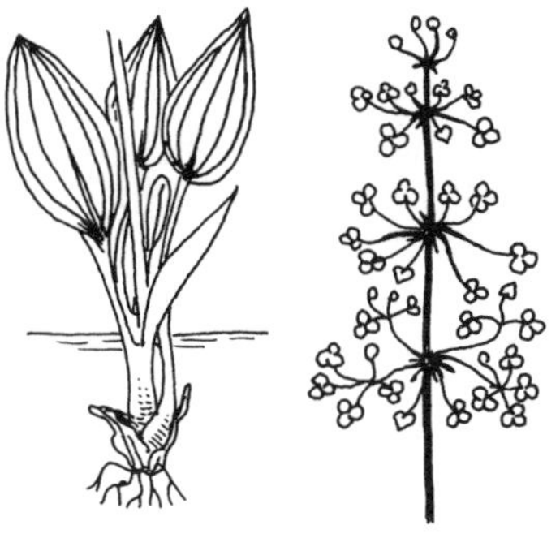
Froschlöffel

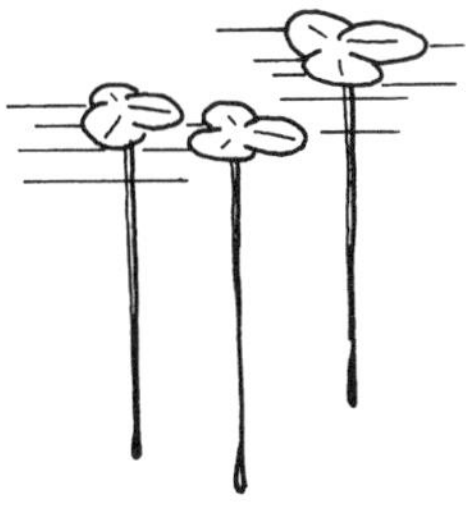
Kleine Wasserlinse

Wolfstrapp

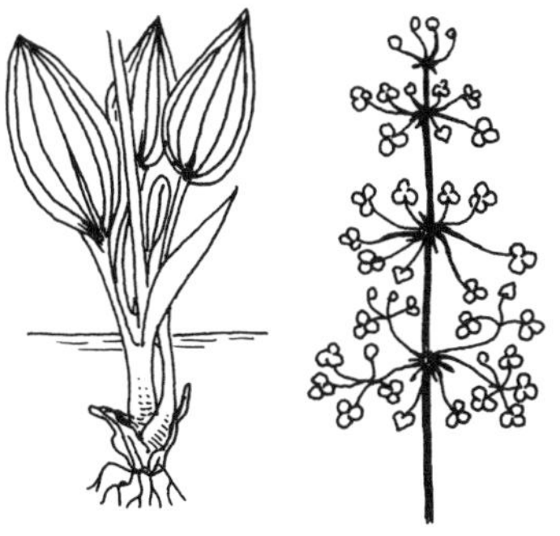
Froschlöffel

Teichpflanzen-Memory (3)

Sumpf-Blutauge

Kanadische Wasserpest

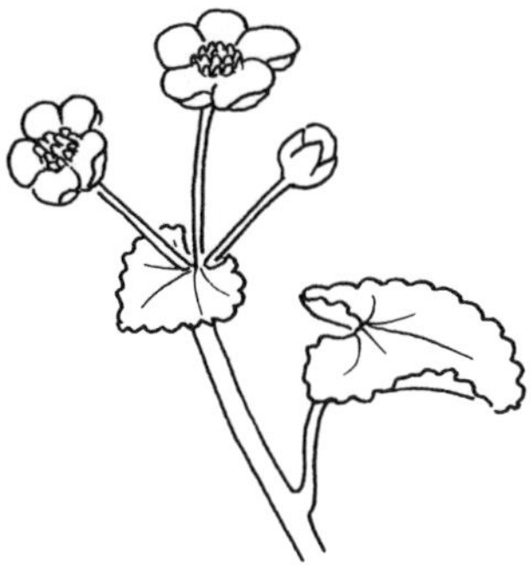
Sumpf-Dotterblume

Sumpf-Blutauge

Kanadische Wasserpest

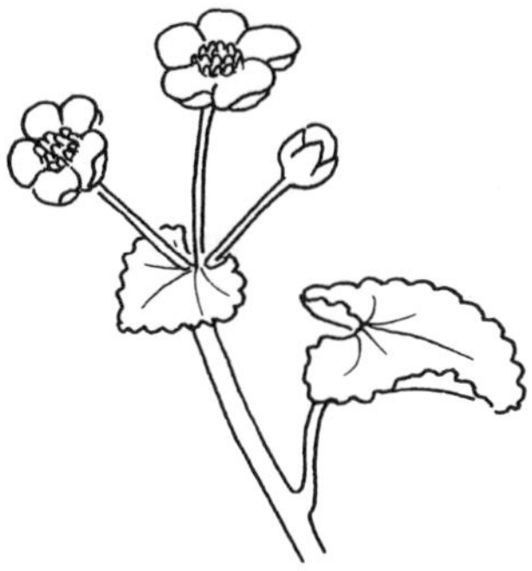
Sumpf-Dotterblume

Knäuel-Binse

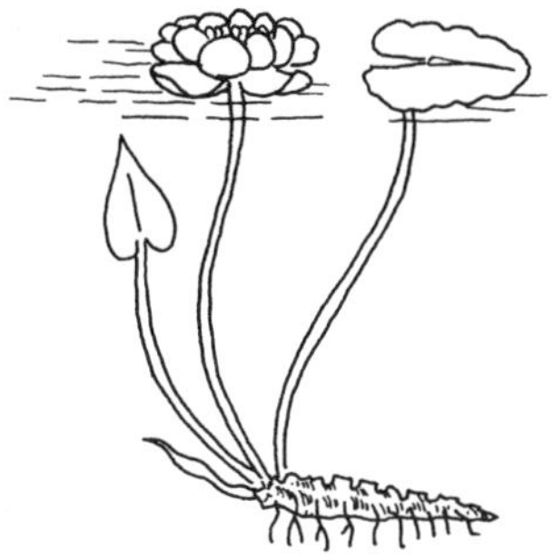
Weiße Seerose

Flatter-Binse

Knäuel-Binse

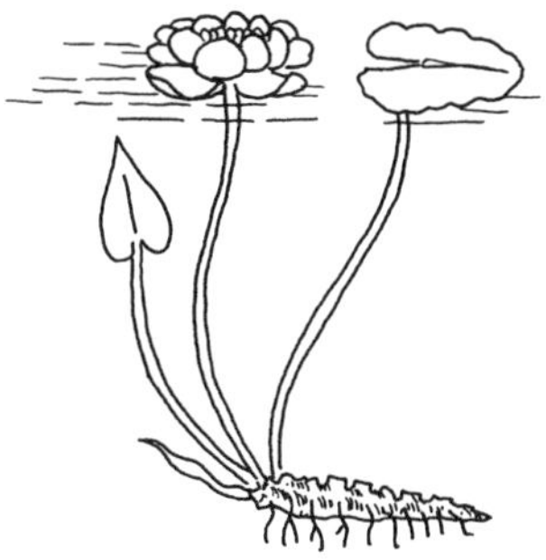
Weiße Seerose

Flatter-Binse

Pflanzen im Wasser (1)

1. Schneide die folgenden Abbildungen und Textbausteine aus und klebe sie in die Tabelle von Arbeitsblatt 69 an passender Stelle ein.

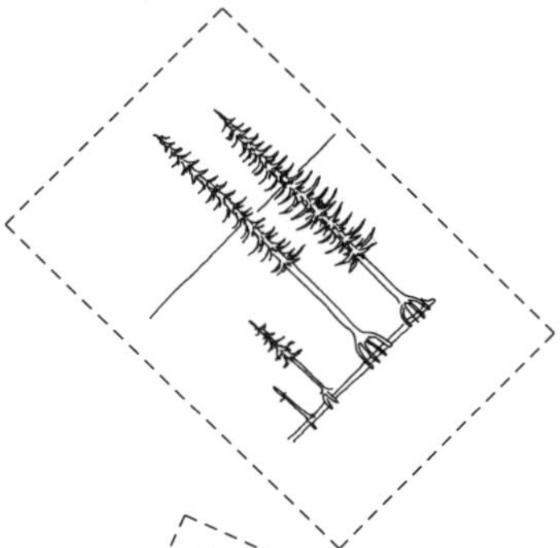

Ich bin an den Lebensraum angepasst, indem ich im Uferbereich sehr fest verwurzelt bin und sehr stabile Stängel besitze.

Ich bin an den Lebensraum angepasst, indem ich sehr viele Blattgrünkörner für die Fotosynthese in meinen Blättern und Stängeln besitze.

Ich bin an den Lebensraum angepasst, indem ich stabile, feste Blätter über der Wasseroberfläche und dünne, zarte Blätter unter Wasser ausbilde.

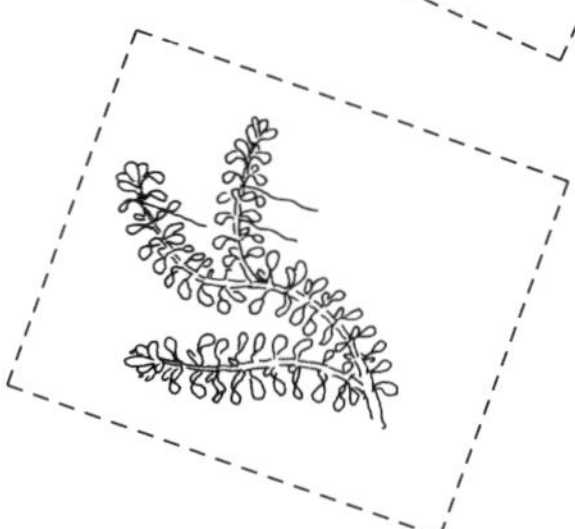

Ich bin an den Lebensraum angepasst, indem meine Schwimmblätter mit einem langen, gedrehten Stängel und einer Wurzel als Zuganker festgehalten werden.

Mein Problem ist, dass ich mit meinem großen Schwimmblättern leicht im Wasser abgetrieben werde.

Mein Problem ist, dass ich mit den völlig unterschiedlichen Lebensbedingungen zweier Lebensräume fertig werden muss.

Mein Problem ist, dass mir die Wasserbewegungen im Uferbereich das Festhalten erschweren.

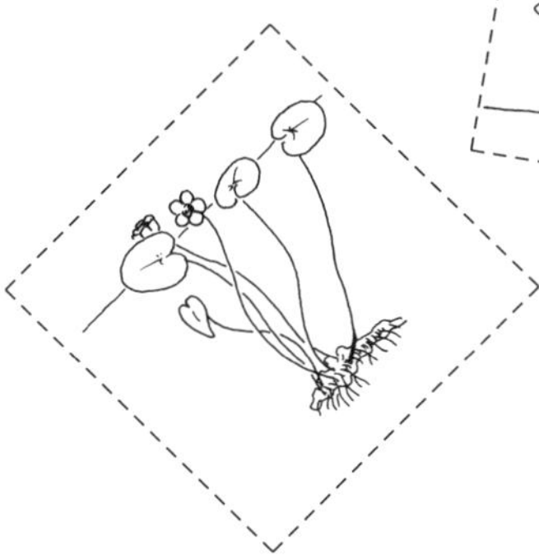

Mein Problem ist, dass ich unter der Wasseroberfläche nur wenig Licht bekomme.

Lebensraum	Abbildung der Pflanze	Probleme am Standort	Anpassungs-mechanismen

Material: Pappkarton (Größe wie 6-er Weinkarton), 5 Holzstäbe für Angeln (Länge 50–70 cm; Durchmesser 5–8 mm), Bindfaden als Angelschnur (insgesamt ca 2,5 m), Büroklammern, Tesafilm, nicht zu starke Magneten für Magnettafeln (Bürohandel), Würfel

Durchführung:

1. Der Boden und der Deckel des Kartons werden entfernt. Der Karton dient als „Aquarium" für das Angelspiel.
2. In die Holzstäbe wird an einem Ende ein Loch gebohrt und ein Stück Schnur von ca. 50 cm Länge befestigt. Am Ende der Schnur wird mit Tesafilm der Magnet angebracht.
3. Die Abbildungen der Wassertiere werden sechs mal kopiert, auf Karton geklebt und dann kreisförmig ausgeschnitten. Zwischen jeweils zwei gleiche Abbildungen wird eine Büroklammer gelegt. Beide Abbildungen werden dann mit der Büroklammer in der Mitte zusammengehalten. So erhält man je drei Plättchen von jeder Tierart.

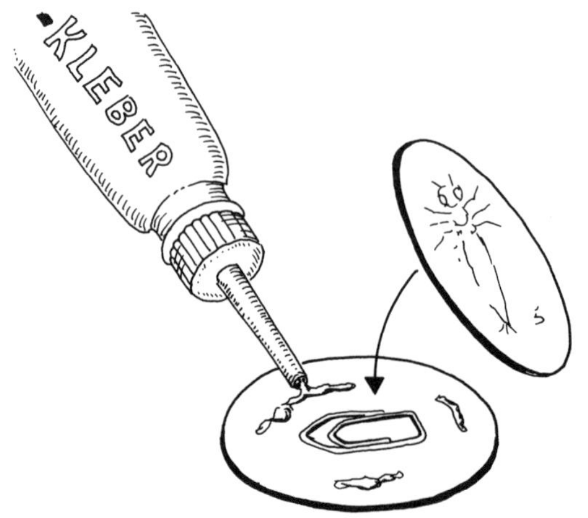

Spielregeln:

- Maximal fünf Spieler oder Spielgruppen sitzen um einen Tisch. Das Aquarium mit den Wassertieren steht in der Mitte. Jeder Spieler/jede Spielgruppe erhält eine Angel.
- Um den Spielbeginn wird gewürfelt: Wer die höchste Zahl würfelt, darf beginnen.
- Nacheinander darf jeder Spieler/jede Spielgruppe ein Wassertier aus dem Aquarium angeln. Das Tier, das an der Angel hängt, muss benannt werden. Gelingt dies, darf der Spieler/die Gruppe die Abbildung behalten; kann das Tier nicht benannt werden, wird es in des Aquarium zurückgegeben.
- Das Spiel ist beendet, wenn das Aquarium leer ist oder wenn die verbleibenden Tiere von keinem Spieler/keiner Spielgruppe benannt werden können. Gewonnen hat, wer die meisten Abbildungen gewinnen konnte.

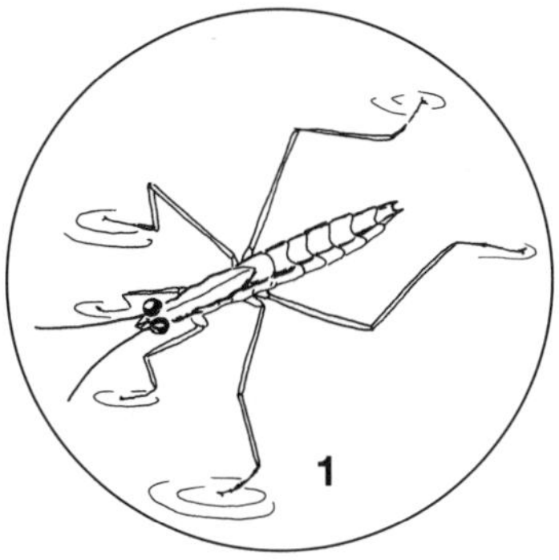
1

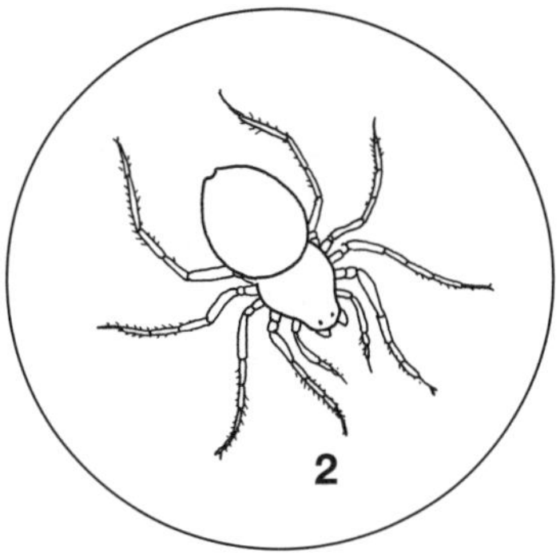
2

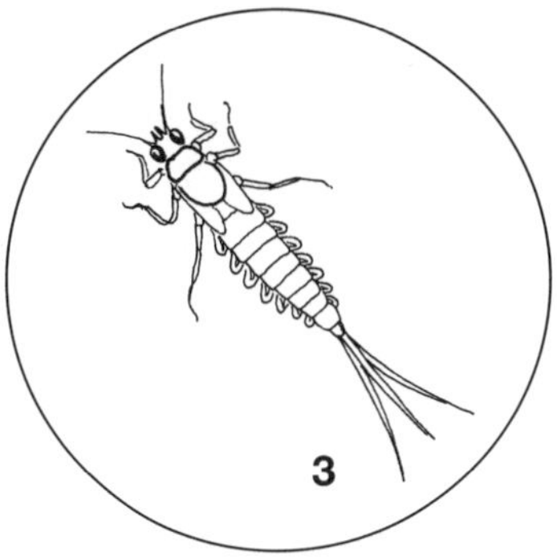
3

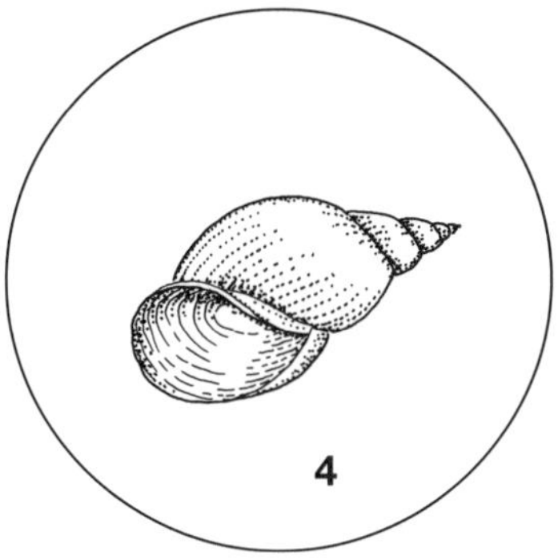
4

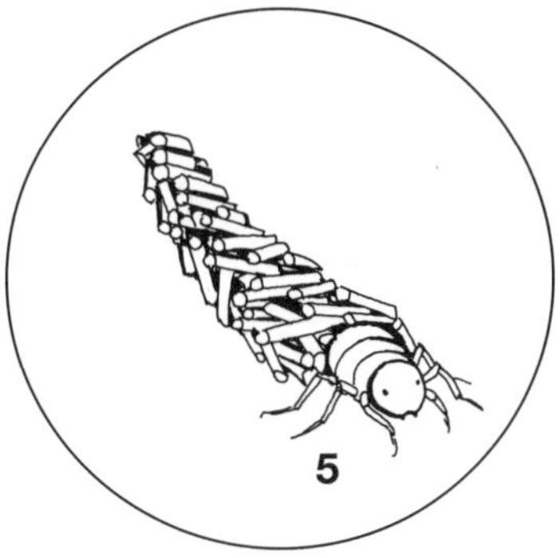
5

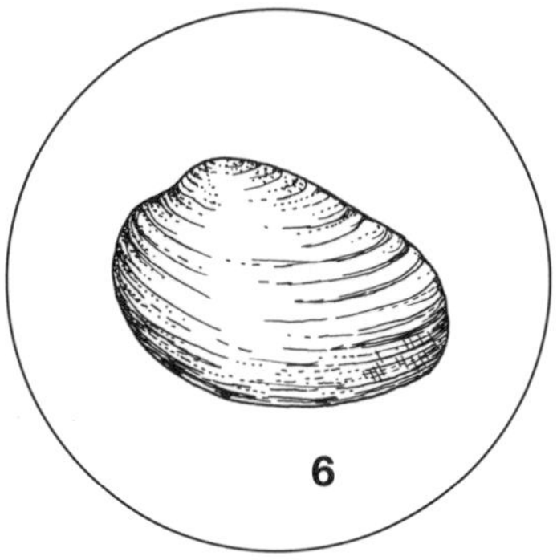
6

7

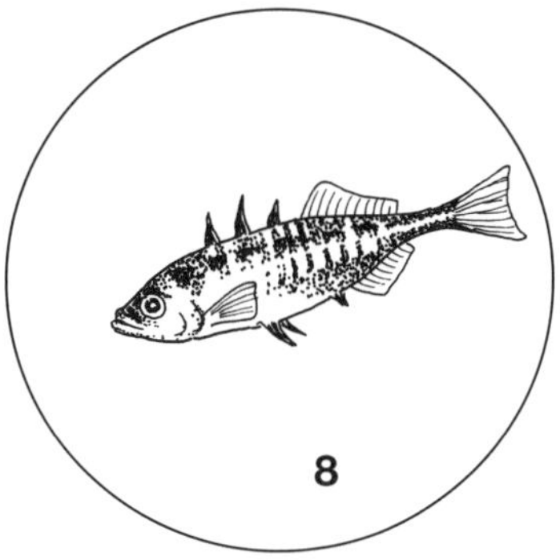
8

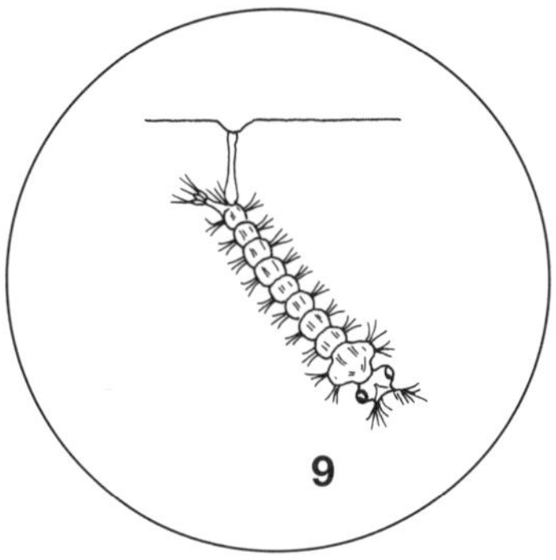
9

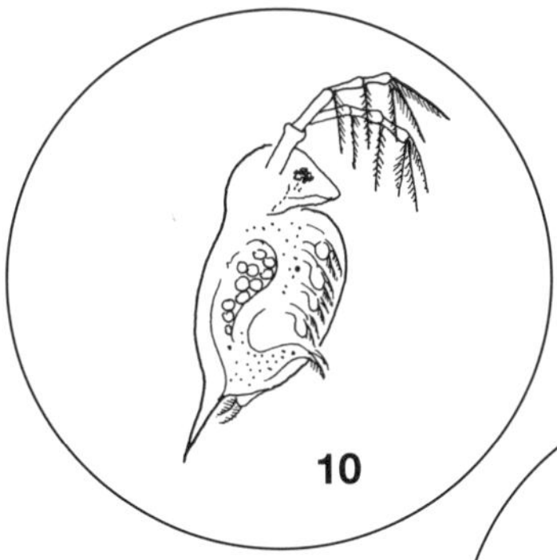
10

11

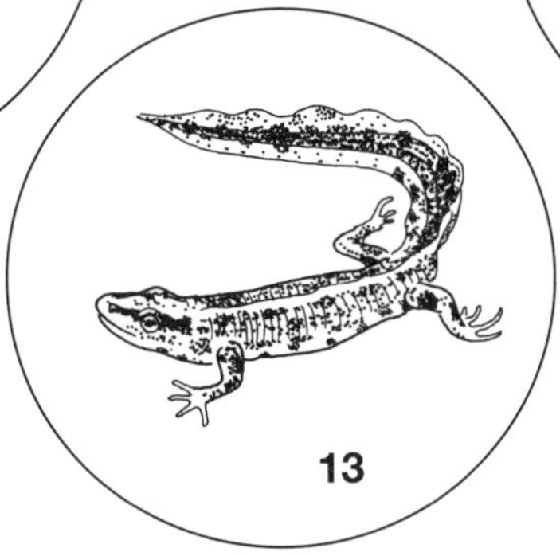
13

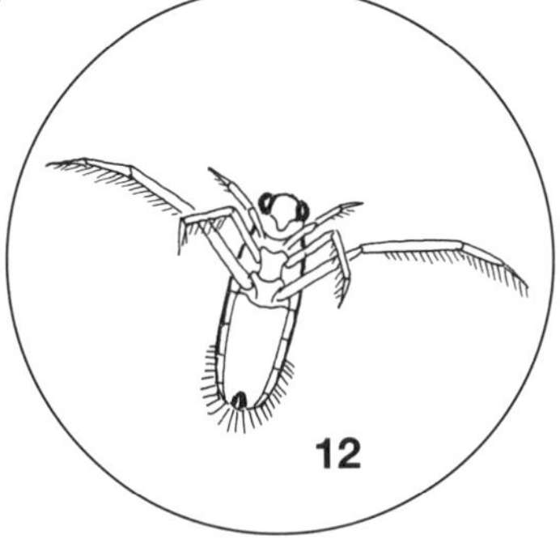
12